和毕加索一起淋浴

激发你的想象力和创造力

In the Shower with Picasso: Sparking Your Creativity and Imagination

[丹麦] 克里斯蒂安·斯塔迪尔 (Christian Stadil) 莱娜·唐嘉德 (Lene Tanggaard) 著

孙静 译

中国人民大学出版社

·北京·

译者前言

21世纪是各行各业都强调创新的时代，未来的发展很大程度上取决于我们的想象力和创造力，因而提升创造力已然成为我们发展的驱动力。面对当下教育、环境、经济等诸多问题，我们比以往任何时候都更需要创新的、富有意义的想法，以期解决具体问题并确保可持续发展。这样的需求有个人层面的，也有企业和机构层面的；有国家层面的,也有国际层面的。

基于各层面对创新的需求，我们在此为读者呈上《和毕加索一起淋浴：激发你的想象力和创造力》一书的中译本。本书源自以创造力著称的丹麦，由两位作者合作完成，一位是丹麦大黄蜂（hummel）运动服饰公司所有者和Thornico集团公司首席执行官克里斯蒂安·斯塔迪尔，另一位是丹麦奥尔堡大学心理学教授及创新文化心理学研究中心主任莱娜·唐嘉德，他们的合作使得本书兼具实践和理论的探索与创新。本书以其独特的视角为你揭秘创造力这一黑匣子，让你拓展思路并深受启发。

如何才能更具创造力？相信每一位读者都能从本书中获得答案。我们在此强烈推荐本书，主要基于以下几个原因：

首先，本书收集的创新案例数量多、覆盖面广。本书的核心内容是基于一系列访谈，访谈对象主要为丹麦富有创造力的个人和企业，其中大部分已经享有国际影响力，他们的创新经验对世界其他国家和地区的人们也具有启发意义。本书汇集了建筑、食品、科技、体育、时尚等领域的创新故事，具体包括建筑设计事务所、餐厅、瓷器餐具厂、画廊、乐队、芭蕾舞团、广播电视台、传媒公司、律师事务所、玩具公司、学校、文身网站等等。受访者身居不同岗位、从事不同职业，包括企业创始人、首席执行官、董事长、经理、营销总监、设计师、建筑师、律师、作家、词曲作家、幕后工作者、DJ、绘画和视觉艺术家、电视制片人、电影导演、艺术总监和校长等。来自丹麦的这些激动人心的创新故事无疑为读者提供了参考，是读者可以利用的宝贵资源。

其次，本书提出的理念新颖。本书有四个新观念改变了我们以往对创造力的认知和理解。第一，本书强调创造力不再是少数人所拥有的奢侈品，而是每个人的必需品，而且，每个人都可以更具创造力。第二，创新并非像许多文献描述的那样要跳出盒子进行思考、凭空想象，而是沿着盒子的边缘前行，由此进行创新。换句话说，创新需要有特定领域的知识，要行走在现存事物边缘，探索并进一步拓展其边界。这就要求我们具有很强的敏感性，学会观察周围事物，从已有的事物中筛选并吸纳知识，再以新的方式将不同事物结合起来，由此形成新的想法。所以，创造过程常常包括将两个全然不同且至今毫不相干的领域综合联系起来。第三，创新的灵感往往出现在我们最不经意的时候，或最放松的时候，比如在淋浴、登山、闲聊、织毛衣或锻炼时。看似毫无意义的休闲实际上为创新提供了能量，这正是创新的新起点。第四，合作能力对创造力至关重要。虽然一个人的空间可能有助于创造过程的完成，但创造力并非一个人的事情。要允许不同的专业团队密切合作，协同工作。有创造性的人善于把那些擅长做其他事情的人留在自己身边，这样做有助于大家从不同的角度思考问题。

此外，本书不仅提供了诸多创新的个案研究，还介绍了具体的操作方法和技巧，例如：将头脑风暴和头脑写作相结合，再辅以思维导图，诸如画画、使用一些符号、采用鱼骨法等。读者可以直接将这些方法和技巧运用于自己的工作和生活中，使其更富有创造性。

最后，我们结合广告传媒行业的创新，谈一谈本书的实用性和可操作性。在参与本书的翻译工作期间，梁辰羽就职于上海奥美广告有限公司，担任客户经理。奥美集团由大卫·奥格威于1948年在纽约创立，后发展成为全球最大的传媒集团之一，为WPP集团麾下成员。上海奥美广告有限公司于1991年成立，他们将本地优势与国际资源相结合，与众多全球知名品牌通力合作，创造了无数市场奇迹。

本书提出的有关创新的理念和方法在奥美公司的创新实践中得到了印证。我们从以下三个方面加以阐述：

1．创意灵感可能来自公司的任何员工，很可能是集体智慧的结晶。在广告公司，并不只是创意部门，或设计师、文案才能想出很好的创意，创意灵感可以来自公司的任何人。公司开会常使用头脑风暴法，在这一环节，员工们都可能想出很好的创意，最终执行的创意有可能来自业务部门，也可能来自策略部门。

2．站在盒子的边缘进行创新，意味着首先要对盒子内的东西进行观察、了解并掌握，然后基于已有知识再进行创新。就广告创意而言，首先，策划人需要在了解客户需求之后，对品牌、市场、消费者和各种平台进行调查，最终确定一整套策略。一旦有了策略这一核心要素，创意部门才能够在盒子的外延进行思考，并联系生活的方方面面，找到一些创意想法和灵感。任何创意都来源于良好的策略，脱离策略的创意是没有功效的，其结果无法达到传播的效果。

3．创新想法很可能出现在潜意识中，例如在自己放松休息时；也可能出现在团队合作中，因头脑风暴中各自的想法相互碰撞而产生灵感。创新想法可能很难在某个限定的时间内绞尽脑汁思考就能获得，很多时候我们会把所有的想法、可能性和可获得的信息都汇总起来，这时候大脑可能达到了饱和状态，我们不妨暂时休息一下，放松心情，做一些自己喜欢的其他事情，正如书名所提示的那样，“和毕加索一起淋浴”，说不定淋浴的时候就产生了灵感。此外，在团队合作中，头脑风暴不失为一种好的方法，各自的想法相互碰撞，有个借鉴，碰撞之后很有可能产生更多的想法和灵感。最好的创意往往是在把所有信息都浏览一遍之后，让脑子静下来时出现的，一旦放松下来，潜意识就会活跃起来，利用潜意识是创新过程的重要环节。

本书是孙静继《董事会秘书》《关键客户》和《卖——透视顾客心》之后尝试翻译的第四部著作。与前几部著作相比，本书涉及的领域众多，如心理学、管理学、物理学、音乐和艺术设计等，对想象力和创造力的研究也自然要求译者具有相当的想象力和创造力，以便正确地理解原文和传达原文的意思，加上书中有关创新的案例皆来自丹麦，两位作者也是丹麦人，这些因素很大程度上增加了本书的翻译难度。此外，书中出现了大量的专有名词和专业术语，例如：人名（尤其是丹麦人名）、书名、电影和电视剧名、公司和机构名以及地名等。这些专有名词和专业术语的翻译和审校耗费了很多时间和精力，的确是一项大工程。

不同于前几部著作的翻译，本书的翻译有广告传媒人士梁辰羽和孙静指导的硕士研究生的参与，傅炜楠、梁辰羽、王靖国、魏小龙、吴薇和张欢分别参与了初稿的翻译工作或部分初稿的修改工作，在此表示特别的感谢！还要感谢云南民族大学心理人类学博士生王倩老师对一些心理学术语和概念的解释；感谢普林斯顿大学毕业生、富布莱特奖学金获得者Vivien Cheng就部分英文表述与我们进行的探讨。此外，孙静指导的研究生李伟健、龙辉、张海龙及其他几位研究生参与了部分信息和专有名词的复查工作，在此也一并表示感谢！

孙静　梁辰羽

目 录

CONTENTS

前言

INTRODUCTION

每个人都可以更具创造力

提升创造力已得到政治上的高度重视，它是21世纪创意经济的驱动力，也是近期众多学校的改革目标。杰拉德·普奇奥（Gerard Puccio）、玛丽·曼斯（Marie Mance）和玛丽·默多克（Mary Murdock）在其《创新领导力》（*Creative Leadership*）一书中观点明确：在新世纪的变革管理中，创新领导力不可或缺。

换句话说，拥有创造力已成为不可避免的趋势。我们需要新的有效的方法来确保国家层面和国际层面的可持续增长。这就要求我们具备必要的技能和创新想象力，也要求我们开发出有意义的替代产品、创建不同的生活方式。对未来的想象力是各种能力中最人性化的，但只有个人的想象力还远远不够。如果要成功实现新的想法，我们需要采取行动。

本书旨在探索如何成功地实现创新理念。你将从多位具有创造力的人士那里听到一系列激励人心的故事，这些人都在国际上成功地传播了具有丹麦特色的创意产品。也许，丹麦是世界上最具创造力的国家这一说法有些夸张，但多年来在推动创造力和创新方面，丹麦的排名一直稳居各项比赛的前五位。如果考虑这样一个事实，即丹麦总人口仅有600万，那么它所获得的荣誉更加让人困惑不解。是什么促使丹麦人取得了创造性的成就？本书旨在揭示丹麦一再取得创造性成果的奥秘，主要基于丹麦人抑或是斯堪的纳维亚人的生活方式，还有创造性人士的思维模式、总部设在丹麦的创意公司的机构设置以及他们放眼世界市场的策略。因此，你会了解到丹麦影视剧背后的创作力量，包括蜚声海外的剧集《谋杀》(*The Killing*)；你也会得知有关诺玛餐厅的创建过程，自2010年起，该餐厅连续三年被评为全球最佳餐厅；你还会听到丹麦建筑奇才比雅克·英格斯(Bjarke Ingels)的具体建议。

我们也总结了自己的经验。克里斯蒂安在食品、科技、体育和时尚产业以及越来越多的在线公司（诸如Tattoodo.com）工作，都以不同的方式涉及创造与创新。莱娜不仅是大学教授，而且是一个创造性研究组的主任，同时也是专门从事创造与创新工作的咨询公司的合伙人。因此，我们确保本书的结论始终基于有关创造力和创新的研究，同时用事实说话。必须指出的是，我们并不会对创造和创新这两个词加以明确区分。然而，本书的一个基本观点是，创造的可能性对于创新开发畅销产品起着决定性的作用。我们强调人和组织是实现创意的先决条件，有了创意自然便有了创新。

缘起：从富有创意的访谈开始

这一切发生在2010年8月的一天。烈日炎炎，我们来到哥本哈根考察，参观了LETT公司，这个由丹麦律师事务所协会投票公认的丹麦最具创新性法律服务提供者。LETT公司的办公室位于哥本哈根市政厅广场，从这里你可以俯瞰成群的鸽子和丰富的人文景观。没有多少人会想到律师可能或者应该具备创造力，但我们想到了。

后来，我们与英格尔夫·加博尔德（Ingolf Gabold）进行了深入交谈，那时他担任丹麦广播电视台电视剧负责人。英格尔夫告诉我们，丹麦广播电视台成功地将小说拍成了丹麦电视剧，吸引了周日夜晚数以万计的观众，赢得了国际奖项，还大规模向国外出口。晚上9点，我们参观完V1画廊——哥本哈根肉类包装区的一个艺术画廊，其前身是一家肉店。画廊的霓虹灯十分耀眼，映照着广告创意总监彼得·斯坦拜克（Peter Stenbæk）和画廊老板叶斯佩尔·埃尔格（Jesper Elg）忙碌的身影。

许多具有创造力的知名人士接受了我们的访谈，并为本书做出了重大贡献。撰写本书，旨在揭示人们是如何努力地去创造富有意义的、新型的事物。我们的目标是找到了解他们的密钥，即是什么让这些人在工作和个人生活中更具创造性。本书借助了访谈中获得的经验，希望能够激励读者在被迫停止的地方继续前行——使他们成为具有创造力的人和领导者，在全球化世界发挥他们的引领作用。

在这8月的一天，没有什么是可以预见的，我们的访谈也变得难以驾驭。看起来有创造力的受访者好像都自行决定哪些问题他们会回答，哪些将会被忽略。英格尔夫大口地喝着葡萄酒，谈论起法国精神分析学家和精神病学家雅克·拉康（Jacques Lacan），此人生于1901年，卒于1980年，是精神分析学派的创始人西格蒙德·弗洛伊德理论的继承人。谁能料到，丹麦广播电视台的丹麦剧是受到法国精神分析理论的启发？而对律师们来说，他们并不完全确信自己具备创造力。2010年被评为欧洲最具创新的V1艺术画廊老板在访谈过程中来去自由。他们都有自己的日程计划，所以我们之间似乎隔着一道深深的海湾。访谈中，我们自然带有自己的语言表达和个人经历痕迹，正是这些因素导致了更大的隔阂，使我们面临挑战。毕竟，这是常识：只有当我们到达能力边界时，才发现那种未经测验的能力，这感觉就像处在思维惰怠或职业惰怠的对立面。我们一直在努力工作，天气炎热，访谈结束时天色已晚。

在哥本哈根克里斯蒂安港，我们迎着寒风，朝诺玛餐厅走去。推门而入时，至少有五位服务员热情地迎接我们，他们面带微笑，表现出良好的职业素养。餐厅总经理彼得·克雷纳（Peter Kreiner）迎上前来向我们问好并带领我们穿过厨房，大约有15名厨师和学徒围着几张桌子站着。我们被韭菜、成熟奶酪和香菜的香味迷住了。

坐在长桌旁的条凳上俯瞰码头，面前摆满了泡泡冰水，厨师们正尝试用各种原材料烹调不同的菜肴，彼得介绍起餐厅周六的烹饪活动。有时，实验成果一鸣惊人，这道菜便将直接添加到菜谱上。玻璃杯中的苏打水以及黄油炒蔬菜的味道让我们渴望听到余下的故事。诺玛餐厅是怎样蝉联三届全球最佳餐厅的？如果你想知道答案，请阅读第十三和十四章。

我们再次在寒风中行走，前往哥本哈根诺瑞布罗（Nørrebro）附近的BIG公司，我们将在那儿对建筑师比雅克·英格斯进行访谈。一道光透过顶楼会议室窗户直射进来，沐浴在这片光中，比雅克向我们讲述了怎样才能实现从哥本哈根翠绿的庭院到曼哈顿摩天大楼这些基本概念的转变。这是一个精彩绝伦的故事，其创新之处在于它是以新的方式将现实中的事物结合起来并进行组合——即迈出去走到已有事物的边缘，这将是本书探讨的重点。创新更像是将脚踏在盒子的边缘，而非跳出盒子，凭空想象。当诺玛餐厅研究新菜品时，其遵循的是一种明确的理念，即在边缘探索、在现有的概念上构建的理念。大黄蜂运动服饰公司在设计衣服新款式时，都是从传统的旧款式中挑选样板，再从竞争对手那里获取灵感。公司把那些已经存在的事物作为创意的出发点，实实在在地沿着边缘行走。

我们与受访者的谈话已经证明，具有创意和创新精神的企业和个人都被勤奋和冲动所驱使。例如：雷尼·雷德泽皮（René Redzepi）是个富有激情的人，他将所有的精力都投入到北欧日耳曼民族特色的烹饪工作中。而比雅克·英格斯正奔向曼哈顿，为实现他童年建设摩天大楼的梦想。彼得·斯坦拜克，作为水叮当乐队广告宣传活动和移动电话公司系列传奇广告的发起人，已成功实现了他年轻时的目标，那就是远离儿时的家乡，过上美好生活。那个著名的电视广告拍摄地，一个名为Snave的虚拟村庄，便是受到彼得的故乡菲英岛的启发：围绕村庄的故事成为创作的出发点，而他想要离开农村的愿望最终在广告中得以体现。

彼得向我们讲述了他的一个窍门：他总是把写有好点子的纸片收集起来。当好的想法在脑海中闪现时，他会匆匆记录下来，无论白天还是黑夜，无论身处何方，即使这样记下来并没有什么既定目标。然后，突然之间，小纸片上有趣的想法便成为一种新产品的灵感之源。当彼得写下这些想法时，并不知晓接下来会发生何事。他只知道，他写的东西应该很有趣，因此，他总是相信创造力及创造的欲望。律师事务所的业务开发经理讲述了一个具有启发性的故事，该故事描述了他如何引导律师使其更专注于销售和客户。

比雅克告诉我们，他曾遇到来自现有建筑公司的阻碍。总体来说，访谈让我们坚信：专业技能、勇气、激情、疑惑以及冒险的意愿是创造力的先决条件。当你作为一名经理工作时，很难接替引领者的位置。

主旨：创新是日常生活的一部分

本书首先描述个人的创造力，然后描述公司的创造力。这样做是因为我们知道这二者密切相关。富有创造力的个人是沿着他们现有能力的边缘进行创新，创意公司也是如此。富有创造力的人会以新的方式将不同事物结合起来，创意公司也采取这样的做法。我们选取的创意想法都来自旧产品、竞争对手、社交媒体以及自身现有的知识储备，这些想法被用作他们创新产品和创新理念的基础。他们清除了员工和管理者之间、机构内部工作职能之间的障碍，从而促进创造力的发展。

富有创造力的人善于在猛然间实现创造性突破。他们可能在洗澡时就突发灵感拾得一个好主意，据说毕加索就曾有过那样的经历。创造性企业通常允许其员工做出这样的突破。也许，需要预留一部分工作时间来专门进行创新探索——就像诺玛餐厅周六安排的烹饪活动一样，届时，厨师们将展示本周的实验成果，在主厨雷尼・雷德泽皮面前试验有潜力的新菜品。这样一来，创造力便融入了公司的安排和日常实践。

有关创造力的文献常常充斥着一些为疯狂活动提供的小贴士，几乎没有什么练习真正促进创造力的发展。遗憾的是，这些技能很少与机构的日常实践相关联。卡迈恩・加洛（Carmine Gallo）在其2011年出版的《非同凡“想”：苹果大师史蒂夫・乔布斯的创新启示》（*The Innovation Secrets of Steve Jobs*）一书中写道：“当一个机构将其管理人员安排去河中划皮艇学习如何合作，或要求他们制作彩色纸飞机提升创造力时，这其中便有问题了。”为什么呢？相比之下，将创作过程融入公司的日常工作，这样的做法要好得多。在日常工作中，无论是在工作歇息时间还是在周六烹饪活动中，抑或在特别强调让员工参与时，他们皆可在突破性创造过程中有所作为。

为什么以丹麦为例？

然而，我们为什么专注于一系列丹麦的创新产品和名人呢？这样做是因为在倾听他们讲述创造性的工作经验时，我们可以学到很多东西。此外，由于总部设在丹麦，这使我们有机会发现，可能带有丹麦风格的、有利于全球可持续发展的创新模式是由哪些关键部分组成的。稍后读者会发现，我们不会试图制定一个通用的、整齐划一的丹麦式创新准则，但我们分享的故事却带有某种丹麦风格，特别是通过访谈发现的有关创新中的协作和集体特性的问题。在丹麦，传统的做法是让员工参与到发展战略中，在组织的层级结构中，最高到最低层级之间仅有一步之遥。本书的主张是，这一步之遥促进了创造力的提升，因为它使得真知可以由下而上地贯通，反之亦然，这对于实际创造一些有价值的，涉及特定主题、特定环境和特定兴趣领域的东西必不可少。然而，我们并不希望保持一种可仿效的创新观念，不管是在个人层面还是国家层面。你并不需要与英格尔夫·加博尔德、雷尼·雷德泽皮、彼得·斯坦拜克或丹麦式创造力一决高下，相反，我们撰写本书，是因为我们相信有更多的人会比他们目前更具创造力——同时也因为聆听那些特别具有创造力的人讲述他们的经历，能让我们大家备受鼓舞。

人们更愿意相信创造潜能，这种需求在最近一项有关创造力的情况调查中有所反映，该调查是在2012年3月至4月之间进行的，主要基于5 000名受访者对创造力的信念与态度做出的反馈。该调查涵盖了1 000人提供的答卷，他们分别来自日本、英国、美国、德国和法国。调查显示，创造力被认为是经济和社会发展极为关键的要素。

然而，调查中不到一半的受访者自称具有创造力，被问及的人中只有四分之一认为他们发挥了自己的创造潜能。受访者称愈益增大的压力，使其工作变得更具生产性而非创造性，他们还说只花费了25%的时间进行创造性工作。调查显示，日本被认为是最具创造力的国家——虽然日本人自己并不以为然。由此可见，有证据表明，自己和他人对创造潜力这一概念在认识上存在差距，对创造力的需求和支持创造力的实际工作条件之间也存在差距。我们希望本书能够有助于填补这一空白。

你有创造的勇气吗?

我们认为，每个人在他的工作和生活中都可能更具创造力。问题是，我们有足够的勇气吗？美国心理学家和创造力研究员罗伯特·斯滕伯格（Robert Sternberg）称，促进创造力发展最重要的原则就是首先要有自主创新意识。

当然，创造力的实现需要一定的前提条件。你需要努力去辨识新的环境，需要以新的方式将不同事物结合起来，还需要努力去分析现有市场或领域可能出现的新形势。当然，即使你拥有这些“技能”，也无法保证你就会有创造力。或许你让别人捷足先登提出创意，或许你不能评估你自己的创意，或许你期望人们会主动地听你讲话，但斯滕伯格认为这些还不够。你需要做出决定来发挥自己的才能。正如他书中写的："创意无法推销自己，需要你来推销！"

从这层意义上来说，行动是创造力的基础。多年来，研究人员对那些成功的创新人士进行分析，试图识别其性格特征，而结果却是徒劳的。显然，并没有类似创造力的DNA存在。事情其实很简单，创新只有体现在实践中，我们才能称其为创造力。因此，仅仅说"我有创造力，只是还没有设法展示给大家看"，这肯定毫无意义。

富有创造力的音乐家能够以新的、有意义的方式创作乐曲。创意设计师可以设计出新款衣服、鞋、汽车，或你所拥有的一切。一个人的创造力在不同行业的表现有所不同。

泥瓦匠使用新方法砌砖或发明新的施工方法，便可称其具有创造力。台上的演员需要通过角色扮演创造性地表现自我，从而赋予舞台前所未有的生机。习惯上，泥瓦匠并不会认为自己具备创造力，而演员几乎肯定会认为创造力是她的核心竞争力之一。无论如何，二者皆具有共性，即时常有必要进行创新，只不过是以不同的方式呈现罢了。而且，在他们真正具备创新能力之前，还需要有致力于创新的决心。

斯滕伯格称，我们可以决定是否拥有创造力，这是在我们自身和周围环境中实现创造性潜能的第一步。事实上，这是解放思想的信号。如果本书的读者受到启发，无论是在家里还是工作中都尝试创新，我们就已经达到了目标：把这种创新生活的热望传递给大家——

无论对群体还是个人，无论是在私生活中还是工作中均是如此。

创新就要勇于尝试新事物！

我们认为，如果知晓具体要求，就能更好地开展创造性工作。一旦知其所需，那么下次的创造性工作进行起来就容易多了。从根本上讲，寻找创造性开端和创造性实践，更好地用创新方式来表现，这是勇气的问题。在本书对建筑师比雅克·英格斯的访谈中，他解释称事先并不总是知道创造性过程会引领他去往何处。然而，这些年他总是以自己的方式将人生经历与创造性实践结合起来。这就意味着，他的行为与某种预期模式是一致的，而这种模式为其提供了一定程度的安全保障。就像比雅克一样，我们必须验证眼前的路径，从我们自身的经历中学习，并懂得这就是事物运行的必然方式。

英国人类学家蒂姆·英戈尔德（Tim Ingold）相信，创造力就是对某种事物的产生进行一种反向解读。即使在创新过程中可以积累人生阅历并将其系统化，但创新过程还是存在即兴创作的一面。这就要求我们有勇气走出去探索。我们可以做出决定并无所畏惧地开始创作，但我们却无法预测结果或提前规划好每一步行动的细节。因此，行动的勇气是衡量创造力的决定性标准。不过，如果一个人正好处于有利于创造的环境，也会有所帮助。总之，我们已经可以断言：

- 如果敢于即兴创作和探索世界，那么每个人都可以更具创造力。
- 创造力是沿着边缘发展的。许多访谈对象向我们讲述了他们如何重新设计和重塑现有产品或理念，如何在专业团队和知识领域的边缘进行工作。

• 创造的勇气是必不可少的。我们的访谈对象解释说，创新是需要冒险的，需要并且能够犯错，然后还能承认错误。尽管障碍重重，但仍要继续走下去。对于一些访谈对象来说，这种勇气是不可或缺的经验。正如比雅克·英格斯所言，你愈是相信自己及自我的判断，就愈有勇气去“拼命干”。

• 在创造过程中，局限性和最大化发展密切相关。有时，多一些想法意味着多一个机会去发现更多有用的东西，而在其他时候，局限性或障碍则会激发人们去超越已有事物。

在企业和组织机构内部，构建带有明确目标的创造力至关重要，这样可以确保人们并不是在进行简单而漫无目的的思考。然而，建设既愿意冒险又鼓励产生创意的工作文化也是十分必要的。我们相信，个人和组织机构的创造力可以相辅相成，而组织机构想要不断地创新发展都深深依赖于其成员的创造力。这就要求他们具有一种领导能力，既能开创性地建立框架，又不会控制该过程中的每一步，还要相信新举措，能将生产和创新结合起来。此外，还要求他们有能力沿用现有产品的生产方式，并能根据市场需求和机遇加以完善。本书的前面部分主要是从个人层面探讨创新过程，后面部分将更侧重于组织机构层面。

但是，确切地说，我们应该如何理解创造力？这个词语从何而来？

— 第一章 —

CHAPTER 1

沿着思维边缘起舞

自主创新是创造力的重要因素。具有创造力的人有能力忍受矛盾和怀疑。他们能够克服障碍，敢于承担风险。他们让思维远航，但也不是毫无方向。那么，确切地说，一个人拥有创造力意味着什么？一个有创造力的人必须会做什么呢？

人类的创新能力

创造力一词源于拉丁语*creatio*，*creare*，意为“生产”，这在丹麦语言中是一个比较新颖的词汇。近代以前，人们认为被创造出来的东西都是永久性的（借用神的力量），换句话说，我们只能通过得到（神灵的）启示来释放已存于我们内心的创造能力。因此，1950年以前，有关“创造”的思考纯粹是神学性质的，而诸如“天才”“幻想”之类的术语，其作用等同于如今的“创造”一词。米哈里·契克森米哈（Mihaly Csikszentmihalyi）在2006年写过这样一句话：“创造力不再是少数人所拥有的奢侈品，而是每个人的必需品。”

即使有些人比别人更富有创造力，我们也不能说这种情形下只有少数人有机会发展自己的能力。我们不再相信人类的创造潜能是有限的，现代科学技术的发展增强了我们的信心。如今，人们有充分的理由对创新寄予很大的期望。大多数公司力图雇用具有创新能力的员工——这些员工能够想出新办法并将其转化为适销对路的产品。随着丹麦一些工作岗位的消失，有人认为，我们应该从创新和革新中学习。仅仅生产是不够的，我们必须生产新型、独特、原创的产品。

以下是厄尔利·迪克森（Earle Dickson）在1920年所做的事情。他的太太在烹调时总是烫伤自己，受到这位倒霉主妇的启发，迪克森发明了创可贴来帮助她，并最终成为美国强生公司的副总经理。在电动打字机真正开始崭露头角之际，贝蒂·奈史密斯·格莱姆（Bette Nesmith Graham）担任秘书工作。由于不能用橡皮擦去除错误，所以她发明了修正液。该想法源自对画家们的观察，他们作画时如果出了错，总是在画布上再涂抹一层以掩盖错误。1956年，格莱姆获得了该项创意的发明专利。

2011年夏，在奥尔堡大学的一个硕士教育项目中，莱娜的五个学生提供了自己在公共部门任管理人员的相关经历，同时，根据他们的经验得出了结论，他们认为创新源于需求。无论你是在为有特殊需求的儿童的教育寻求新的解决方案，或是在公司裁员的情况下维持员工满意度，还是在治安较差的社区举办节日活动的同时又要尽量减小骚乱和暴力事件发生的概率，都会遇到这种情况（创新源于需求）。需求可能只是个开端，你的“发明”要想成功，接下来还需要大量实践、承担风险的意愿以及向别人“推销”自己的创意的能力。

大多数人都同意，我们从未像现在这样需要创新能力。此外，从根本上说，创新是一项全人类的事业。我们认为自己具有创造力，并且我们的存在具有可塑性。英国社会学家理查德·森尼特（Richard Sennett）著有多部与现代资本主义相关且激励人心的书，其在《新资本主义的文化》（*The Culture of the New Capitalism*，2006）一书中提出，如果员工不努力让自己变得灵活并具有创新能力，那么他们将会遇到困难。我们很肯定这种说法是正确的。一方面，创新为我们每个人提供了很大程度上的行动自由；另一方面，创新也伴随着某些风险：不断创新很可能会生产出创新产品、造就创新团队，同时也可能导致职业倦怠。

因此，我们有充分理由去密切关注有创新能力的人，看他们是如何不断发展自身创造力的。他们如何产生并保持新的想法？他们何来勇气，使自己在遭遇挫折时坚持不辍？他们又如何管理自己对持续创新的需求？

我们的基本观点之一直接源于我们的案例，那就是可持续创造力可以促进创造性突破。我们不必快速思考，慢慢想想可能会更好。创造力不能强求但可以建构，我们需要有勇气去进行这些创造性的突破——正如丹麦广播电视台电视剧前负责人英格尔夫·加博尔德所说，这就要求我们像毕加索一样踏入浴盆沐浴，或是赤裸身体去赢得艾美奖。否则，一味苛求创新只会让人筋疲力尽。

什么是创造力?

终其一生，我们大多数人对创造力的理解是多重的。对我们来说，创造力就是运用个人想象、以不同的方式思考问题并创造一些新事物的能力。这一定义也适用于对创造力的研究。尽管有过度简化事物之嫌，但我们仍然可以说，我们的创造力主导模式常常包括以下三种认知。创造力所涉及的概念包括：

（1）思维要尽可能广而不同。

（2）以创新为动力，为一种社会引擎。

（3）如果以适当方式释放，创造力是能够激发创新的一种神秘能量：心理分析显示，创造力是一种可以穿过裂缝的光，是可以转化为合理产出的性能量。

创造就是为这个世界提供前所未有的、有意义的新思想和产物。只有天马行空的想法或充沛的精力是不够的，创造力也并不仅仅是一种毫无个性特征的社会引擎，创造是由特定的人尝试新事物的结果。多数研究型创造模式都以4个P加以区分，即：人（Person）、过程（Process）、产品（Product）和环境影响因素（Press）。人、过程和产品本身就具有创新性，且在创新活动中又是相互作用的。值得注意的是，它们的创新要依赖于环境。这意味着过程可以和产品一样具有创新性。

走在边缘!

大多数创造力研究者认为，发散思维是创造力的核心。他们的意思是，创造力是一种能以新的方式看待问题、在不和谐环境下茁壮成长，并能从180度看问题的能力。

有人使用这一词汇称创造力意味着“跳出盒子进行思考”。对此，我们并不赞同，相反，我们认为创造力是“沿着盒子的边缘前进”（Bilton，2007）。创造力是站在盒子的边缘，然后探索并进一步拓展其边界，由此进行创新。当我们站在他人的肩膀上，处于不同行业和不同的知识技能领域之间，盒子的边界就出现在创新产品和现有产品之间。所以，我们并不是要跳出盒子，这样做只会让我们陷入无助的境地，而且，处于盒子之外的产品，我们还得承担其无法卖出去的风险。

托马斯·莱克（Thomas Lykke）重新设计了经典的Koppel-kanden系列，即奢侈品公司乔治·杰生（Georg Jensen）近期重新推出的银壶。他在接受访谈时称：“我们人类真的很喜欢自己能够辨认出的事物——如果设计迥然不同，我们常常持怀疑态度。”

大唐草系列：边缘上的成功

由卡伦·谢尔德加德-拉尔森（Karen Kjældgård-Larsen）于2001年创作设计的皇家哥本哈根瓷器大唐草系列（Blue Fluted Mega）餐

具就是一个很好的例子，其产品在边缘上成功地实现了平衡。

唐草系列瓷器餐具的历史可以追溯至1775年哥本哈根瓷器厂的成立。在那时，中国广泛生产唐草瓷器，此外，其灵感也源自德国。丹麦王室为此提供了财政支持，与此同时，当时隶属丹麦的挪威发现了大量的钴类颜料。实际上，2001年的大唐草系列设计只是放大了原创设计，因而给人一种既新奇又熟悉之感。它仍属唐草系列，是原来的更新版，迎合的是该公司现阶段客户群，然而却让人有种购买了就可以将自己一并写进厚重的丹麦历史的感觉。

大唐草系列正是在其原有设计的基础上站稳了脚跟，但还沿着其边缘前进，于是显得与众不同。丹麦工业巨头丹佛斯也是如此。2011年4月的一天，*Refleksion*杂志首席执行官尼尔斯·克里斯汀森（Niels B. Christiansen）在接受访谈时称，如果产品最终不能吸引顾客，那么赢得创新奖也毫无意义。因此，丹佛斯公司始终围绕其核心业务进行创新。对公司来说，在已经拥有坚实的全球地位的行业中进行创新，比在另一个对客户、渠道和竞争对手一无所知的行业里创新要容易得多。

仅是与众不同，并不能说明我们具有创造力。我们还需要为他人创造一些有价值的东西。这就是我们在本书中强调要沿着盒子边缘前行而非跳出盒子进行思考的原因。此外，当沿着盒子边缘前行时，我们就会产生许多积极的联想，联想到创新究竟需要什么品质，那就是敢于在边缘行走、停留并往下看——还能确保最终不会跌落。热衷于横向思维是远远不够的。创意想法也要能够感染他人：要让人们想要拥有这些创意。因此，创造力不仅包括思考，即以新的方式智慧地将不同事物结合起来的能力，情感也是一个重要的组成部分，其核心是能够触动他人。

因此，我们要着重强调有关创造力的最为关键的规则，那就是创新需要特定领域的知识。只有当你了解了某种传统，才有可能对其做出改进。许多人或许会认为，创造力可能会如开花一样自行出现，而发散思维或涉足边缘的勇气，只有在找到可供思考的东西或出发点或自己远离的点时，才会变得有意义。如果我们坚持认为创造力不仅仅是求新，也要富有意义，这一点无论如何都是不变的事实。

换句话说，只有当我们牢记了剧本，才能够即兴创作。这一点在访谈中也有体现，我们将在接下来的部分进行探讨。

边缘上的机遇

麦克·克里斯滕森（Michael Christiansen）原是丹麦皇家剧院经理，现任丹麦广播公司和奥胡斯大学董事长。麦克说，他在创作和制作工作中成为出色领导者的秘诀在于，他熟谙自己从事的实践工作。他说："在我任剧院经理期间，每年都会观看120部话剧和40部歌剧，为的就是在剧院遇到导演和工作人员时，我可以和他们谈笑风生。"

肯尼斯·伯格（Kenneth Bager）是世界级知名的丹麦DJ，他17岁时就外出闯荡，去过日德兰半岛所有的迪斯科舞厅，向不同的DJ

学习。按他自己的说法，“这才有点像专业人士”。专业技能，甚至是其他DJ的穿着打扮，都被其视为创新的起点，以求质量和内容的创新。常言道，唯有精通乐器，方能即兴演奏。当你精通球技之后，你就能够在比赛时以新的方式出神入化地运球。

而且，试图单干可能并不是聪明的选择。如果没有巴塞罗那队的队友，没有一整套的“计划”和聘请高薪球员的财政资源，米歇尔·劳德鲁普（Michael Laudrup），这位享誉世界的丹麦足球运动员，可能就不值一提。受访者丹麦建筑师比雅克·英格斯称，成为一名成功建筑师的重要条件自然是他所获得的相关技术、管理和财务技能，因为这些资源使其得以进入更大的市场，在大型比赛中获得成功。

一个富有创新能力的团队其构成通常是多样化的，各种技能可以取长补短。没有人需要一直做同样的事，也没有人必须时刻具备创新能力。正如比雅克所说：“我公司的首席执行官是那种顾问类型的人，他会因账目表上的盈利数字而欣喜不已。我不是那种类型的人，但我知道，如果我们能够完全实现计划的目标，那么这种关注必不可少”。

你需要确保最终能够满足那些仅靠一己之力无法满足的需求。很多具有创新能力的人，在这一点上都可能犯错。克里斯·比尔顿（Chris Bilton）在2007年出版的《创意与管理》（*Management and Creativity*）一书中指出，在艺术教育中，几乎没有老师教学生财务问题，这看似很矛盾。这是因为我们常常会从对立面去思考。创造力是软技能而财务是硬技能；感性是一回事，理性又是另外一回事；

精神与躯体也是相对的。

这种将世界一分为二、两极对立的观点是有问题的。创造力也是一项核心业务，财务同样也与情感有关：想想房市和股市泡沫吧，在这里，人们不深思熟虑便进行巨额交易，这种将事务分开来看的做法阻碍了我们积极地去发挥创造力。如果我们听信比雅克，他会说，创造力不会像花儿一样自行绽放，它会要求我们能够具备必要的先决条件——包括财务方面。

孕育创造性突破

创造力既不是等待好主意的到来，也不是像工作狂一样强迫自己坐在电脑屏幕前夜以继日地工作。丹麦诗人乔根·莱斯（Jørgen Leth）解释说，他一直在不断寻求创作的最佳条件。冬季，他会去国外生活：每天早晨，当要写作时，他会沿着海地北部海岸的陡峭悬崖漫步；而每天晚上，只要写出一个佳句，他便停止工作，因为这样会使他更容易在次日清晨开始新的工作。据说爱因斯坦那些最伟大的想法都是在他刮胡子的时候产生的，而毕加索也是在淋浴时突发灵感，创立了立体派画风。换句话说，日常工作中的短暂休息是创作过程本身的重要组成部分。

有人还说，毕加索是一个完美主义者，他在笔记本上记下了无数笔记并为其最好的作品勾勒了数以百计的草图。这说明，毕加索不仅精于突破性创意，而且善于做好准备，正是这些准备工作使得他有效地进行了创造性突破。乔根·莱斯也谈到过，笔记本是一种有助于创意的重要工具。

那么，如何更多地进行有效的创造性突破呢？有一个答案是，我们必须破除桎梏，打破常规，不走寻常路，从中积累经验。当你在电脑前陷入常规的思维模式时，不妨出去走一走，或做些其他事情。从组织层面上看，若能考虑为那些要完成创意任务的工作者营造一个良好的工作环境，那么企业和政府都将从中获益良多。或许，他们需要给本月最好的想法予以表彰，抑或——就像克里斯蒂安在其公司决定的那样——评出一年中的最佳创意。如果我们想要从本书中学习到基于实证的基本原理，重要的是不要忘记来自不同行业和部门的横向思考者的参与。比雅克·英格斯称自己热忱地寻求新的灵感，而彼得·斯坦拜克和乔根·莱斯则从各种资源中筛选出可用的经验，并将其应用在自己的产品和作品中。

我们需要培养发散、跨界和突破常规的思维，这可以帮助我们偶尔忘记熟知的事物，去探索新的风景，寻找新的机遇。

理性地工作

创造性突破、持续工作和风险承担意愿是创造力的基本要素。我们强调创造力不会自行出现，但这并不意味着我们需要疯狂地努力工作，相反，我们需要理性地工作。

在《天才》（*Talent*）一书中，作者克劳斯·布尔（Claus Buhl）

提到了一项研究，该研究是由瑞典心理学教授K. 安德斯·埃里克森（K. Anders Ericsson）在柏林音乐学院进行的，研究内容涉及小提琴手的专业技能。埃里克森着手研究的是那些顶尖小提琴手是否比其他小提琴手更有天赋。研究表明，事实并非如此。这些小提琴手的能力是建立在长时间的练习以及老师、顾问和导师的有益帮助和反馈之上的。他们寻找那些能进一步提升自己能力、有助于他们进入学习氛围的人。也就是说不只是要长时间地练习，还要正确地练习——困难和挑战有助于他们获得更多知识。

通过让小提琴手写日记，埃里克森还发现了一件趣事：原来，顶尖的小提琴手都在中午小睡。为什么呢？这是因为一次练习几个小时相当耗费精力，而且这种短暂的间歇能使他们恢复精力、保持镇定，这对于他们再次集中精力和坚持自己的观点非常必要。当我们希望自己具有创造力时，并不是要按照自己的进度，而是要以理性的方式开展工作。坦白地说，这是一个好消息。

小结

在本章中，我们认为，沿盒子边缘探索可以激发创造力。我们可以利用日常的休闲时间，通过理性的工作实践以及采用以不同方式做事的勇气，沿着盒子的边缘前行。虽然许多关于创造力的文献都将创新描述为跳出盒子进行思考，但我们坚持认为，尽管要创新就需要偏离原有事物，但如果我们完全脱离原有事物，创新便无从谈起。

第二章
CHAPTER 2

“我总是爱上所做的项目”

美国创造力研究者保罗·托兰斯（Paul Torrance）在1972年曾这样写道，创造是一个“由强烈需求激发而成的自然人文过程”①。大多数读者尤其会赞同这句话的前半句。当我们有需求时，就会具备创造性。如此一来，作为世界公民，我们目前正处于这样一种境地，即我们面临前所未有的发挥创造力的机会。我们从不曾像今天这样面临如此多的问题：我们破坏了气候，目前正处于金融动荡当中，世界人口激增，同时战争接连不断。我们意识到我们需要创造力，也看见了创造的可能性，这样的机遇前所未有。但我们如何才有创造的欲望和需求呢？

彼得·斯坦拜克是哥本哈根我们爱大家广告公司（We Love People）的创意总监，他也是本书的访谈对象之一。彼得明确表示，

① 托兰斯是儿童创造力测验的鼻祖，该测试至今仍在使用。他认为，创造力是可以传授的，我们可以通过训练孩子们的发散性思维，并且在他们表现出和发挥创造力时激励他们。在第十一章中，我们将研究在学校提升创新能力推动创造力的可能性。

强大的动力或强烈的激情可以是创造过程的基石。彼得为移动电话公司设计的系列广告“Polle FraSnave”，讲述的是来自Snave（丹麦菲英岛的一个小镇）的一个名叫Polle的人的故事，该系列广告最终完全征服了丹麦，并被改编成了一部故事片。彼得也曾为流行乐队水叮当创作了音乐视频，还为日本丰田汽车设计了一系列疯狂的“112%”广告。想要逃离儿时成长的乡村小镇前往大城市生活是彼得的内在动力。他说：“我想离开村庄”。那就是说，这是一个充满痛苦和欲望的故事，是一个真正的汉斯·克里斯蒂安·安徒生童话故事。

我们在V1画廊对彼得进行了访谈，该画廊位于哥本哈根以前肉库区的老屠夫肉店。我们坐在霓虹灯下畅谈，画廊老板们正忙着把画从地下室搬上来，为第二天的展览做准备。访谈结束后，我们又去了Halmtorvet广场的一家酒吧，他们出售廉价啤酒。

最重要的是要热爱你所做的事情

彼得描述了他孩童时期如何梦想着成为安迪·沃霍尔（Andy Warhol），想象自己成为别人并梦想着进入另一个世界，这些想法成为他前进的动力，除此，他的父亲在学校当图书管理员，因此，在他家中就可以找到进入想象和另一个世界所必需的一切书籍和漫画。彼得的经历不同于菲英岛南部的其他男孩，他们都爱踢足球、喝啤酒。而彼得则会和好友——也就是现在的合伙人及我们爱大家广告公司的战略专家——克劳斯·史冠德（Claus Skytte）一道，生活在另一个世界，这个世界有疯狂的想法、爵士乐、红酒、涂鸦、学校杂志和校园广播等。正是在这里，他发现疯狂的想法能够蓬勃滋长。

早期的友谊如今已促成了一家公司的成立。克劳斯和彼得在广告行业打拼了20多年之后，于2003年成立了我们爱大家广告公司。公司拥有许多大客户，诸如丹麦广播电视台、Falck跨国救援公司、丹麦Tryghedsgruppen信托基金、丹麦国有博彩公司Danske Spil、丹麦诺帝斯克电影公司（Nordisk Film）和Coop集团等。公司的重心似乎放在了将推销和行动结合起来的广告上，好让我们这些消费者生活在广告的世界中。Polle fra Snave系列广告视频征服了整个丹麦，让人们在捧腹大笑的同时还梦想着手机。

对于彼得来说，整个事情起始于爱步公司（Ecco Corporation）。这家公司特许他创建一个内部广告部——他这么解释，“也许是当时该公司的首席执行官还没有经验且十分信任我的缘故。”在这里，彼得能够在一种安全和信任的环境中做一些相当疯狂的事情，而且轻轻松松就取得了成功。但是，彼得之所以有能力设计出好的创意广告，其背后的原因是什么呢？

就彼得而言，最重要的是他热爱他所做的事情：“我总是爱上所做的项目。”的确，彼得对人们及他们的怪癖均怀有深切的爱，爱是激励他的动力，所以他不仅仅热爱自己所做的项目，还热爱他为之工作的人们。严格地说，也许正是这种爱让我们从广告中看到自己，而不只是将这些广告当作商家试图操控市场和促销的宣传。

彼得讲解了自己的创作过程：“每件事都有一个开始，之后便都是努力地工作。"同时，他强调说，他总是试图将一切都变成游戏，其间恐惧是最糟糕的事情，他还充分利用自己对世界的好奇心并以开放的心态进行创作。彼得一直试图解释玩乐与努力工作二者之间的平衡，玩乐是基本要素，而努力工作则是整个创作的基本先决条件："我当初不愿意去上学，曾经做了很多蠢事，但是很幸运的是，我所喜爱的东西是相当有用的。"

另一个重要因素是广告确实行之有效："我们解决人们的难题。在这个时代，人们需要一种效果，这其实就是简明的问题，而且从一开始就有许多要求。现在我们需要找到一些有趣的点子，把不好卖的东西卖出去，并获得青睐。"

彼得解释说，要做到这一点并从人们那里获得最有用的信息，最重要的便是倾听。之后，他再把各种信息串联在一起。这时候，彼得——同时也是作曲家——就会借鉴自己的音乐经验。"将信息串联起来就像是在即兴创作音乐一样。"他说，"所以，我收集详细信息，精彩的细节，以此来推进叙事。我以信息为基础，选定一个地方，从那儿开始创作并把各种事情串联起来。"彼得并不简单地认为这种类型的节录和合成是一种创新的技术。他还认为，这只是他这一代特定的技术："我们是节录的一代。你可以得到你想要的答案，而且不需要从头到尾地创作整个作品。我们通过节录便可以继续下去。那个不会画画的家伙，会怎样呢！不管怎样，他已经从事这个行业很久了。"

因此，创造力的某些要素可能只限于特定的一代。彼得觉得，在创作过程中，如今已经没有必要让一个人从头到尾什么都能做。问题是过去的情况是否也如此。然而，在我们的许多访谈中，节录二字不断被受访者提及，所以，我们确实正面对一种暂时的典型现象—— 一种节录式的创意。彼得说：

> 有关Polle的广告，其创意灵感来自哥本哈根的Ørsted公园。我当时突然间就受到了一个小伙的启发，他名叫托瓦尔（Thorvald）。我想做一个短片，但这部电影的顾问直言："没有人再想听电影中的方言。"所以，这个项目只是在我的内心涌动。但随后，遇到了丹麦Sonofon移动电话公司首席执行官尤里克·布洛（Ulrik Bülow）。他们想要做一个移动电话广告，广告中需要设计一个完整世界，就像迪士尼唐老鸭故事中的鸭堡一样。而居住在这个世界的他们，当然是率先使用了手机的人。创意便在此处产生。

因此，各种想法很可能就在那儿，但会遭遇阻力。如果我们要从彼得的故事中学习，那么，他教给我们的是：创造力需要有正确的基本事物、强烈的创作要求、节录的技能、探寻的意愿以及把握创新的机遇。关于Polle的系列片，初始时曾遭遇反对，但由于彼得一直不肯放弃最终得以实现。他把这个想法鲜活地保留在心中，直到他在正确的地方碰上了正确的人，这个人能帮他将想法变成现实。

彼得善于捕捉所有可用的点子。他在后现代主义的拼贴画中巧妙地挑选出一些创意，然后将它们应用到自己的创作过程中。据彼得称，关键是能够努力搜索到难以理解的东西——即曾想过但没有预料到的某种东西。他说：“那才是有巨大吸引力的。”同时，他故事里还有一个重要因素，那就是彼得热爱他的工作：“我们热爱所做之事，也热爱我们为之工作的人。这应该是我们做一切事情的标志性特点。”

有没有一种特殊的创造性人格？

彼得·斯坦拜克的故事之所以有趣，原因很多。那些成功创新的人似乎都十分钟爱自己所做之事，就像本书中讲述的许多受访者的情形一样。谈及工作，他们总是充满激情，对于他们关注的事情，总会展开广泛的讨论。正如前文所述，彼得的故事也是安徒生童话丑小鸭变白天鹅故事的重演。彼得寻求并找到了自我的身份认同。从更为普遍的意义上看，我们怎样理解这件事呢？

另有一位研究者是捷克裔美国心理学教授米哈里·契克森米哈，他对创造力这个话题的论述也是基于访谈，即对那些公认为具有创造力的人们进行的访谈。1996年，他出版了一部著作，名为《创造力：心流与创新心理学》（*Creativity, Flow and the Psychology of Discovery and Invention*），本书像其他一些研究一样，率先对实践中的创造力进行了系统的尝试性阐述。本书受访者（共91人）是那些被公认为各自领域的创造性人才，这些领域包括艺术、文学和研究等。换句话说，既然访谈对象已经被确认，这个研究很大程度上就是一种回顾性调查。我们这本书和其他许多有关创造力的研究也采用的是这种方法。坦白地说，对尚不存在的东西进行研究是很难的，因此，我们对创造力的解释常常要基于已经存在于这个世界的东西。

契克森米哈的研究表明，这些访谈对象的共同特点便是享受工作。他们称，他们努力工作既不为赚钱也不为赢得赞誉，而是因为能从中获得满足感。他们全身心地投入到自己所做的事情中，毫不利己，尽管在他们真正工作时，人们可能很难接近他们。

契克森米哈此前提出了“心流”概念（指的是个人全身心投入某种活动而达到忘我的状态），这可能是具有创造力的人沉浸于工作中注意到的一种心流体验。另外还有一个特点，访谈对象总是设法在对的时间、对的地点出现。他们一直很善于寻找和培养关系网，而且相当清楚没有他人的帮助和扶持，自己可能永远也得不到公众的认可。他的许多访谈对象解释说，在创建基础知识方面，他们总是设法找到别人已经打好基础的地方，而凸显时代精神，则由他们自己来完成。这同样也是彼得·斯坦拜克所强调的，他在正确的时间获得了支持，还获得了自由发挥的空间——此外，毫无疑问，他的做法还合乎时代精神。

从访谈中，契克森米哈得到这样一个启示：据访谈对象的讲述，熟知自己工作领域的现有知识是具有创造力的前提。这些具有创造力的人，都曾与其他精英们在这个领域一同工作，这些精英为他们带来许多好运，让他们有了改善各自领域的欲望，或许甚至会离经叛道。你一定要设法在合适的时间、合适的位置有一个合适的想法——时机或现实原因在创新中起决定性作用。创造力只有在别人认识到这是新理念时才会真正体现出来。这意味着，努力赢得别人的认可是项艰巨的任务。路易斯·坎贝尔（Louise Campbell）是丹麦设计师，在37岁时，他的名字就出现在Danske Designere系列丛书的设计大典中。在接受《日德兰邮报》的采访中，他毫不掩饰地说出这项任务的艰巨性："人们并不在乎你什么时候毕业于设计学院——这于你而言根本没有什么用处。将设计理念变成现实的概率最多只有十分之一。市场形势严峻、冷若冰霜且极具讽刺意味，你被击败了那么多次，所以不难理解为何很多人会干脆辞职。"

几乎没有什么想法可以被广泛认为是具有创造性的，而那些努力实现这一目标的人有时需要有面对阻力、失败和潜在的金融不确定性的能力。

然而，这并不只是个人抵抗能力的问题。彼得·斯坦拜克解释说，他不得不逃离菲英岛南部的村庄前往大城市——形象地说，他要到一个可以有喘息空间的地方。契克森米哈也在探讨创造与"创造的环境"之间存在的这种联系。他这样做是因为他正致力于对创造力进行系统认识的基础研究，尤其是将创造力作为一种关系概念来系统地了解。用稍微专业一点的话说，这意味着他把创造力更多地看作是基于人、地区和地点之间的关系，而不是一种个体内在的心理素质。

例如，契克森米哈就把1400—1425年间的佛罗伦萨作为一个创新之地来探讨，在这里，有超越一切的欲望和冲动，还有被重新发现的罗马建筑技术，再加上美第奇家族的势力和众多的银行，使得现金流通量很大。配合高度繁荣的商业社会的出现，美第奇家族吸引了大批的艺术家、作家和具有创意的名人。每个人都突破界限、交换意见，并将万物作为灵感之源，形成了之后的美第奇效应。这一时期以及佛罗伦萨这个城市都被后人奉为文艺复兴时期的摇篮。从这样一个环境中受益的名人之一便是列奥纳多·达·芬奇——著名的艺术家、科学家、发明家和哲学家。

契克森米哈的假设是：在那些最具创造力的公司或机构里，知识往往最有条理、最具可及性，也最容易交流。例如，这可能涉及要允许不同的专业团队密切合作，协同工作。我们将在本书后面章节看到，乐高玩具公司和大黄蜂体育用品公司的案例也提及了这一点。这样做可以增强知识的可及性并确保正在开发的产品得到广泛支持。依据契克森米哈的调查，很多企业目前正投入大量资金，招聘具有创新能力、能提出各种创新想法的员工，然而，如果他们不付出努力将其创意转化为现实或雇用那些擅长于此类工作的员工，所有这些投入就可能被白白浪费了。这可能会导致公司内部理念对立的各方关系紧张，因为顾客是很难被说服的，或因市场现状要求最大限度地减少投资，这样一来，他们可能不会总花费时间去做一些真正有发展前景的事。

契克森米哈还对他所谓的“创造型人格”的一般属性下了定义。对于我们来说，这就好像是一个案例，详细描述了具体的行为方式。在此，我们将这些行为方式一一列出，以此结束本章。我们不仅可以从列表中学习方法，而且还可以用它来总结彼得·斯坦拜克高效的创新能力的关键所在：

（1）访谈对象精力充沛，已做好长期努力地工作并专注于这一工作的准备。

（2）访谈对象具有很强的认知能力，但从某种意义上也可以说有些天真，他们希望在投入工作很长一段时间后，自己会去质疑别人可能认为是理所当然的事。根据契克森米哈的说法，这些人的突出特点就是具有发散性思维，虽然其中有些人因接连不断的成功最终失去了好奇心。

（3）所有的访谈对象都有敏锐的直觉和良好的评价能力。换句话说，这些人可以辨别想法的好坏。

（4）访谈对象解释称，他们经常在玩乐与认真工作之间、承担责任和不负责任之间来回摇摆。大多数时候他们很开心，他们会抓住一些机会，这些机会可能会驱使他们趋向于不负责任。

（5）访谈对象具有极强的想象力或对幻想的感知，以及对现实深刻的理解。他们能够创建新的现实，因为他们知晓在哪些方面有对新事物的需求。

（6）访谈对象显然都是内向型和外向型兼具的人，他们可以通过网络寻求帮助，也可以独立工作。

（7）访谈对象似乎既谦逊又傲慢。他们知道自己是站在别人的肩膀上，但同时也明白，他们已经做出了特别的贡献，别人也在跟随自己的脚步，甚至又迈进了一步。如果他们只关心自己，那么他们将无法努力地去做其他工作。

（8）谈对象都具有双性化特征。也就是说，他们既阳刚又阴柔，或者可以说其生活方式同时具有男性和女性的特征。

（9）访谈对象一直很叛逆但同时又很依赖他人。他们声称必须从他人那里汲取灵感，同时也需要足够叛逆才能突破传统，建立自己的风格。

（10）访谈对象总会设法让自己充满激情但又保持客观。换言之，他们积极地投入工作，但又可能对自己不满，了解自己的局限所在。

（11）访谈对象在工作中获得极大喜悦的同时，也极度敏感和脆弱，例如对待批评方面。粗俗的艺术家原型就表现了他们与世界的这种联系方式，艺术家试图采用限制的方式来应对这种敏感，或者甚至使用毒品或酒精来扩大敏感度。

接下来，我们将就比雅克·英格斯所讲述的内在动力，来更加仔细地审视这些问题。

— 第三章 —

CHAPTER 3

建筑奇才与小美人鱼的约会

比雅克·英格斯就像是丹麦和国际建筑界的指向标。他是众多知名建筑景观的幕后人，诸如哥本哈根Islands Brygge海滨浴场和Ørestaden区 VM公寓楼，还将小美人鱼从哥本哈根运往中国，亮相于2010年世博会。最近，他和BIG建筑事务所的同事一起赢得了多个竞标，包括哥本哈根阿迈厄岛的一个新式的大型垃圾焚化炉厂、格陵兰岛首府努克的国家画廊、芬兰的一个可持续建筑系统以及瑞典斯德哥尔摩的城门。他曾获得众多奖项，包括2011年王储夫妇的文化奖。

2010年9月的一天，我们在哥本哈根Nørrebro区BIG建筑事务所的办公室对比雅克进行了访谈，整个气氛十分活跃。他显然精力充沛且肢体语言丰富。比雅克称，有一种强烈欲望驱使他不断地自我更新，并在全球范围内发展丹麦建筑，也正是这一强烈欲望促使他建立了BIG建筑事务所。“所有的男孩都幻想着能够创建某种夸张而疯狂的建筑作品或其他什么东西。”下面，我们将看到人的欲望、意愿和创造力是息息相关的，我们将接触到比雅克完成的一个特别的建筑项目，那就是设计建造了位于纽约曼哈顿的一座摩天大楼。

但在我们详细了解这一具体案例之前，我们要考虑如何来解释创新的欲望，以及欲望在创新过程中为何如此重要，我们要考虑怎样解释才更具普遍意义。

创造力的必备条件：意愿与激情

美国研究员特雷萨·阿玛贝尔（Teresa Amabile）倾其一生专门研究创造力的必备条件。阿玛贝尔的研究尤其注重创造性工作中投入的巨大精力和激情，这样的精力和激情被他称为“内在动机”，也就是说，如果人们对从事的工作充满激情，就会投入精力。阿玛贝尔在1998年发表于《哈佛商业评论》的一篇文章中，总结了自己逐步达到这一境界的过程，并得出一个结论，那就是知识、创造性思维能力（从新视角看问题）和动机三者相互作用最佳时方可产生创造力。

阿玛贝尔表示，我们必须确保员工们能够接触到正确的相关知识。他们需要在实践中培养创造性思维的能力，最重要的是，他们要有意愿去推动自己的工作，使其比预期中更近一步。从这个意义上来讲，管理者如何激励员工并不是一件容易的事。他们可以采用胡萝卜管理办法，以此作为潜在的、特别的奖励形式，采用这样的形式，想必会让员工们意识到公司期望他们达到的目标。但如果他们希望员工们能做一些料想不到的事情，那么，他们需要给员工自由，允许他们偏离既定路线。他们必须把挑战和“戈耳迪之结”（Gordian knots，即难解的结）变成一种内在的激励，使探索的整个过程充满乐趣。

我们在测量时会发现情况确实如此，然而，就可测量性而言——我们知晓的已经很多，问题在于创造力被证明是不稳定的。如果希望建立新的目标，那么我们必须允许创造性的探索，而不仅仅是寻求已经存在的东西。

阿玛贝尔在其文章中也指出，组织机构可以通过以下方式促进创新：

（1）具有挑战精神的员工。

（2）为员工提供自由的工作空间并保持相对的匿名性，不一定非要根据目标进行工作，但应注重整个创作过程。

（3）提供可用的资源。

（4）组建团队，各团队要有具备多种专业知识的人才。

（5）为创造过程提供管理支持。

建筑奇才的欲望和乐趣

比雅克·英格斯解释说，他总有建造大型建筑的欲望，并从中得到极大的乐趣。当问及他是如何工作的，比雅克称，其实一开始工作，他并没有这样的计划，他说：“面对生活，我只顾一路向前，回头时才明白一切。”他对克尔凯郭尔（Kierkegaard）的这句名言有强烈的共鸣。

驱使他工作的主要是欲望，而不是精心策划的计划。当你有了欲望，就会以双倍的精力投入这个项目。正如比雅克所描述的：“开始时，董事会想要制定出五年计划，但当我们最终有了计划时，却无法知晓这是否真的如我们所愿。”不过，他也强调，经验会给人极大的帮助：“当你偶尔回头看时，会看到一些模式，在你实施下一步决策时，它可以给你安全感。”

创造力是难以预料的。创造力要在世界舞台登场后才可能开始得到认可。人类学家蒂姆·英戈尔德和伊丽莎白·哈勒姆（Elizabeth Hallam）这样写道，“创新”指的是有计划的变革过程，而“创造力”则更多的是对事物最初如何来到这个世界进行回顾性解读。

只有亲身体验了创造性工作的全过程，我们才能够追溯曾经走过的路。正是这种经验和追溯为比雅克提供了安全感，也给了他进行更多尝试的勇气。但也有与此相反的情形，比雅克说，他常常会先谈论，然后“我才实际去做那些事，因为最终深深卷入其中时，便无法回头了”。换句话说，你可以通过语言赋予事物以生命，以此来激发创造力，因为一旦事情已经说出来了，那么牌就已经出了，没有办法规避。

让世界震撼

比雅克·英格斯于2001年创立了PLOT建筑事务所，之后，又于2005年成立了BIG建筑事务所。PLOT建筑事务所在2004年威尼斯建筑双年展中，击败世界著名建筑师如扎哈·哈迪德（Zaha Hadid）和让·努维尔（Jean Nouvel），荣获最佳音乐厅金狮奖，但不久PLOT便解散了。在此之前，比雅克曾在荷兰鹿特丹市建筑大师雷姆·库哈斯（Rem Koolhaas）的事务所工作，在那里，他学会了设计的实用方法。PLOT建筑事务所曾负责承担了Brygge岛的海港浴场和Ørestaden的VM公寓楼的设计工作。

《政治报》（*Politiken*）刊登过一篇文章，题为“建筑人一次又一次让世界震撼”。在这篇文章中，比雅克·英格斯被描述为具有非凡魅力之人——的确，随附的插图显示他的嘴角有一丝苦笑。这篇文章聚焦的不仅仅是他勾勒设计草图的能力，同时也讲述了与他的设计相关的颇具戏剧性的故事。根据该文描述，比雅克可能成为本世纪最伟大的丹麦建筑师。

比雅克以颠覆传统和创造性的解决方案而著称，尤其是在2010年上海世博会丹麦馆筹展中，比雅克将小美人鱼雕像和200多辆自行车从丹麦运送到中国，他独到的处理问题的能力在此发挥到了极致。YouTube网站上有一段关于自行车的视频，纽约一家领先的美国文化机构主管在看了视频后，直接与比雅克取得了联系，她说：一位可以将美人鱼和自行车相结合并在上海展示的建筑师，正是她需要的那种类型，她希望由他来设计一幢新型建筑。此外，比雅克还入选了美国《快公司》（*Fast Company*）杂志全球100位最具创造力的人物，该杂志刊登了有关比雅克的长篇文章，且采用了漫画的形式——这与比雅克以漫画形式表现的建筑画册*Yes is More*如出一辙。

在《快公司》杂志中，比雅克在漫画的某个地方这样写道："当你发现冲突或遭遇两难时，即是获得灵感之时。你可以从那里开始，踏上创新的路程。"要想使困境和冲突成为创新的推动力，就需要以新的方式去面对异议，用新的方式将不同事物组合起来。位于Ørestaden新区的VM山型住宅是比雅克创意设计的，它最终变成了城市中心的住宅，兼有绿色房屋和停车设施。与之相比，比雅克负责的8字形住宅设计项目，则是将社区规划和公寓楼群相结合——所有建筑布局呈8字形。

曼哈顿的新大楼是一座集摩天大楼和哥本哈根公寓楼为一体的建筑。这种不做选择的能力非常富有创造力，你无须选择是建住房还是停车场，是摩天大楼还是公寓楼群。接下来，我们将更多地了解到是什么促使比雅克做到这一点的。

早期的艺术熏陶

比雅克·英格斯还在学生时代便创建了一个建筑师团队。他年仅18岁就进入丹麦皇家美术学院学习，那时，他甚至觉得这是一个很无聊的地方。他说："也许是因为我太年轻了。"学校位于国王新广场的豪宅区，他甚至感到这样的位置也拉远了学生和周围环境之间的距离，所以比雅克和他的几位同学花了大部分时间来阅读任何能够找到的建筑研究史料。在比雅克接受教育之前，他对建筑知之甚少，他的家族中也无一人做过建筑师，用他自己的话说："我其实想画漫画，而艺术学校有那样的漫画气息。”因此，他汲取了所学专业的历史和传统知识，并且，在某种意义上来说，为了进入建筑领域，他一直在奋力前行。

现在回想起来，比雅克并不清楚究竟应该怪年龄还是怪那个地方，不过，他很快就离开了哥本哈根前往巴塞罗那学习。在巴塞罗那，建筑类学校是技校的一部分，对此比雅克觉得自己能更好地适应：“你可以选择一些令人惊奇的学科，你会遇见一些很优秀的教授，且更多是一种美国模式。教师们为学生提供他们认为可以提供的，然后学生可以自行决定。教师们可能需要作出一些努力，否则没有人会选择他们的学科。”

这所学校的精神对比雅克产生了积极的影响，他选择了一门课程，名为建筑学与超现实主义，该门课程开阔了他的眼界，使他认识到建筑不仅仅是设计，同时还是一种完全融入到更为广泛的社会和技术变革进程的学科。比雅克始终坚持这样一种认识，并将其作为当今的一种创作手法加以利用。正如比雅克所言，他注意到城市空间和景观的各种元素，在设计时，总是对那些已经存在的事物加以整合、扩大或在此基础上进行构建。

然而，在巴塞罗那，比雅克很快就从建筑学校退学了，这是由于他的一位学习伙伴在竞争中胜出，赢得了设计哥本哈根大学阿迈厄岛校区的机会：“所以，我们在那儿成立了一个建筑师团队，开始玩转真实的建筑。”

与卓越亲密接触

今天，比雅克是BIG建筑事务所的合伙人，这个大型建筑集团有100多名员工，在纽约和哥本哈根都设有办事处。我们在哥本哈根Nørrebro区的办事处对比雅克进行了访谈。办事处所在地以前是一个厂房，天花板上还有裸露的管道，但整个房子真真实实地散发出光亮，给人一种开放的、行业化和国际化的氛围。显而易见，来自各国的许多年轻建筑师频繁出入这些办公室。我们可以听到多种语言。

摆脱一成不变的生活

在访谈过程中，比雅克描述了他为工作所做出的努力，他雇用那些责任心强的人来搭建创意框架。近期，他还让一些长期雇员成为合作伙伴，女首席执行官希拉·索嘉德（Sheela Søgaard）目前负责公司的财务和战略议程，而业务拓展员则承担外联工作。“这样一来，我拥有了工作空间，并且可以真正集中精力搞创作。”比雅克最近搬到了曼哈顿，每周在哈佛大学讲一次课，同时还进行写作——用他自己的话说——这是一部关于建筑的“冒险小说”，他之所以可以做这些工作，是因为他获得了丹麦艺术委员会为期三年的资助。

比雅克称，曼哈顿之旅是他早就计划好的，因为他希望给公司的新合作伙伴更多的空间和自主权。他可以利用这个学术休假一边在美国教书一边撰写部分书稿。然而，这次休假计划并没有持续太久，因为美国建筑公司德斯特（Durst）很快就明确表示，他们想要比雅克在曼哈顿建造一座摩天大楼。

比雅克说，这一切是怎么回事，讲起来还挺复杂。简单来讲，那是在一次可持续建设会议上，比雅克大胆批评了德斯特公司设计的建筑，结果激发了该公司建筑师参加了BIG建筑事务所的一次展览，最终，他们出现在BIG哥本哈根办事处，为其描述了一个设计项目，那就是对纽约占地4 000平方米的城市街区进行设计。再后来就变成曼哈顿摩天大楼的设计计划。

但这并非仅仅是巧合，也不是他人的善意让一切变得不同。据比雅克说，同样重要的是，美国有大约3亿人的国内市场，为某种扩张性增长提供了可能性，而这在丹麦国内市场是无法实现的。除此之外，纽约这座城市让比雅克深深着迷："这里有许多有趣的人，更容易遇到真正有人格魅力的名人。每周我都和一些名人共进晚餐，他们都在建筑史上谱写了重要篇章，是的，这是一种对职业的贪欲——找到自己的位置，你便有机会品尝种类繁多的晚餐。"

在这里，比雅克有了一个创造性的突破，我们认为这样的突破对创新至关重要。当你陷入一成不变的生活，当你需要更多灵感，不妨动一动换个地方，这很重要，有时还可以更加具体地寻求创新，多接触卓越人士，从而增加自己的参与度。

对职业的贪欲与建设性突破

比雅克解释说，对于他着手做的事，他一贯认为自己是高度投入的，但作为一个建筑师，不断地有所突破已成为其生活的特征，这是由于他对职业的贪欲无穷无尽——尽管他偶尔也需要别人，这些人能够实施一些他自己不会追随的连锁想法。文化心理学家弗拉德·格拉韦亚努（Vlad Glaveanu）将这种类型的合作描述为“我们的创造力”。他还强调，许多创造力研究都低估了创造中的集体框架。

聆听比雅克的谈话，我们发现与建筑相关的对话主要涉及其他热衷于建筑学科的人。当然，我们可以讲讲比雅克如何前往曼哈顿的故事，因为那是他想做的事：“因为很有趣，我要奔向那里。”内在动机是根本的推动力，但我们还要看到故事的另一部分，比雅克的公司规模如此宏大，足以接受这样的任务；此外，他组建了合作团队，能吸引有才干的年轻设计师，还聘用了一位首席执行官，三者结合起来便能使其在纽约行动起来，大展其才。三年的工作津贴也有助于他成就一个合法的企业。

创新也可“参数化”

因此，在制定创意框架中，外部结构似乎发挥着至关重要的作用。你需要正确定位才能获得正确的任务，你需要摆脱束缚大胆喊出想法并引起注意，你还需要拥有足够的财政自主权和从头再来的极大勇气。不管怎样，这就是比雅克在离开国内安全可靠的企业在美国白手起家所做的一切——他这样做是因为他有这个能力。例如，他在2010年世博会展览中获得的巨大成功，每天吸引游客3万人次，最终自行车视频登上了YouTube网站，这一切直接使得其公司现在能够在全世界范围内设计大型建筑。此外，聘用一个喜欢数字的首席执行官，而且其创造力在某种意义上使得账务财目表上出现盈利数字，这对于确保一定程度的资金凝聚是极为重要的。

在整个访谈中，比雅克一次又一次地提及先前的那个想法，那就是创造力不会自行出现："你经常会遇到这样的想法：'你知道吗?我们不应该设置太多的限制。你只需超级有创意，之后总能搞定它。'但这并不是我们可以利用的东西。因为这样一来，你可能完全会因选错方向而浪费大量时间，或做一些完全不可能的事情。"

你在操作时掌握的要素越多，你的工作流程就越有条理，获知的信息也越多。比雅克将其称为"参数化设计"：

> 例如，我们眼下正为格陵兰国家美术馆工作。如今，他们有了自主权，需要有一座格陵兰艺术博物馆。因此，我们要问，"关键性指标是什么？"那当然是把艺术和文化作为政治工具加以利用。也就是说，他们要建构一种独立于丹麦的、自己的国家认同。也许，这也和格陵兰作为北极圈文化社区的身份有关，而且很显然，这样的艺术博物馆在努克是某种城市化的象征。

这里原本是一处钓鱼营地，却突然发展成了聚居区。这是世界上最小的城市，在这里每个人都开车。而博物馆在某种程度上还要充当会议场所。而且，很明显这是一个相对分裂的社会。在这里，18%是丹麦人，余下82%都是格陵兰人。事实上，很大一部分人都不说丹麦语，而且，很多地方单用格陵兰语无法进行管理。所以，我们一直试图去制定所有这些关键性指标。

依据比雅克的观点，关键性指标至关重要，因为要根据要求创新设计不同的东西是件耗神的事。你可能面临着在求异中溺死的危险，而最终结果可能更多地与建筑师本人有关，而并非与项目有关。按照已经存在的关键性指标去进行设计相对更容易，这样一来，你便可以充分利用这个地方的技术、各种事物以及该项目的动能。从这个意义上说，建筑师就变成了所谓的接生员。比雅克的创作过程根本上是基于对若干现象的观察和对关键性指标的识别。这些要素都可以在城镇生活中找到，或被承包商直接诉诸文字。在此之后，这个指标便会在创作过程中变成可利用的资源。

不把自己固定在求异上，而要探索现实的多个维度，这是比雅克在孩提时代就意识到的价值。那是在观看冰岛歌手比约克（Björk）的电视节目时，他被她迷住了。节目中，比约克拿着一个盒子绕场走动，收集她触及的各种东西。后来，比雅克在丹麦皇家美术学院遇到了一位教授，这位教授鼓励他做同样的事。这就是比雅克如今所做的。他收集自己观察到的各种事物，再识别出关键性指标，而且还把来自多种体裁的灵感结合起来，如音乐、电影和科幻小说等。比雅克本人之所以具有创新能力，那是因为他的风格便是把玩那些尚不存在的概念，但同时他又在现有的框架内工作——正如彼得·斯坦拜克在前一章所描述的那样。

我们提出过沿着盒子边缘前行，这一想法在整个访谈过程中逐渐有了清晰的轮廓。你不应该在盒子外面开始你的创新，而应探索已经存在的指标。比雅克的创作过程并非狂野不羁，而是在某一个区域内着手，在那里，他开始探索那些指标，寻找尽可能多的缺口。只有做完这些，他最终才会专注于创新。当然，如果承包商无意建造一座大楼，那么创建建筑模型就毫无意义。因此，在对各种可能性进行探索的阶段，我们应尽快将精力集中在现实中可能的事物上。

比雅克并不热衷于去搞有独创性的概念。新的理念都潜伏在传统中、在我们周围的各种事物中，且以这个世界的形式显现。对于比雅克而言，创新无须做神秘的解释，一切都已存在在那儿，而艺术就在于发现它们。然而，过程本身可以表现为一定程度的需求，正如比雅克所说："如果我们不知道我们终有一死，那么我们可能就不会花费那么多的精力去创新。"

纽约和哥本哈根混搭

当我们开始讨论曼哈顿的建筑项目时，比雅克热情地拿出了他的电脑，然后开始向我们展示设计过程中的系列照片。该大楼将建在曼哈顿的上西区，中央公园下方，俯瞰哈德逊河公园。用比雅克的话说，该地区“都是些用褐色石头搭建而成的大盒子，有点像地狱的厨房”。这是典型的纽约人的风格。承包商为了获得在这个场地建造摩天大楼的许可，已经努力了三年。结果，正如先前提及的，他们在哥本哈根建筑会议上注意到了比雅克。

当BIG建筑事务所开始着手这个项目时，比雅克和公司员工想到了将欧洲庭院介绍到纽约——换句话说，就是中间带有庭院的公寓楼群，整个屋顶倾斜45度，采光好，还可以看到哈德逊河。比雅克说：

> 承包商很快接受了这个想法。但问题是，纽约市城市规划部门主管并非同样兴奋。他们希望我们建造美国东部的塔式高楼，所以我们不得不重新开始。为了与城市规划局协商尽可能多地保留我们最初的创意，我们不得不把美国摩天大楼与欧式公寓楼群结合在一起，形成新式混搭风格。所以，我们其实从来都不应该去参加与城市规划部门的第一次会议。

整个过程跌宕起伏。BIG建筑事务所最终没能在纽约建造哥本哈根公寓楼群，他们如今创建的是混搭式摩天大楼：“也就是说，我们采纳了两种明确定义的建筑类型并将它们结合在一起：我们从摩天大楼和公寓楼群中吸取精华，并创建出兼有两种特点的新建筑类型。”

换句话说，这可谓是创造力的经典故事，创造力可以是将之前毫无关联的两种形式结合起来，并形成一个新的整体。这个故事也向我们展示，比雅克作为生活环境规划师，不仅努力搞好设计，而且将设计融入到更大的建筑框架中，那就是我们所处的生活环境。

让我们再进一步去探索创造力的其他维度吧！在下一章，你们会遇到安德烈亚斯·戈尔德（Andreas Golder），一位生活在柏林的俄裔德国画家，他在阿肯现代艺术博物馆、哥本哈根拉尔姆画廊和伦敦白立方画廊举办个人画展，出尽了风头。对安德烈亚斯来说，创造力也同样是允许自己受到别人启发——的确，这种感觉是如此强烈，以至于他根本不愿意像这样谈论创造力。

小结

比雅克的故事凸显了创作过程中的许多重要因素：

• 欲望和活力是最重要的推动力。我们对激动人心的项目往往会投入更多的精力。

• 创造力意味着要有临事不退缩的勇气。有计划很好，但最好还能致力于从经验中学习。当我们投入某件事情，我们会提出一些创意，然后再进一步接触其环境，以便能够更好地测试这些创意的可行性。我们不能让恐惧阻挡了前进的道路。

• 在创作过程中最核心的要素是采用知情方式进行工作的能力，通过这种方式便可以探索关键性指标。这样的方式可让初始阶段具有开放性，还可以进行观察，筛选有创意的想法，更迅速地终止发散思维，聚焦可行的创意，聚焦那些必须考虑的信息和指标。

- 创造力往往涉及对世界已有事物进行综合、使之构成新的混合体的能力。在这一点上，比雅克的情况与有关创造力的研究非常吻合，这些研究也强调了以新的方式将不同事物结合起来的重要性。

- 不借助他人之力，没有人能够真正具有创造力。这些人可能是业务合作伙伴，或是能够设法管理好数字的首席执行官，或是我们周围那些激励别人的人。从根本上说，创造力并非一种内在现象，而是具体植根于现实之中的。重要的是记住，创造力一定涉及一个人渐渐变得善于观察并能更好地重新管理这个世界，这个有我们一席之地的世界。

第四章

CHAPTER 4

站在弗朗西斯·培根的肩上

在创造力的研究中，人们总是会倾向于去赞美像爱因斯坦和毕加索那种神话般的人物。每当描述创造过程时，我们听到的都是他们的故事。例如，1993年，有一本名为《创意天才》(*Creative Genius*)的书问世，这是心理学家霍华德·加德纳（Howard Gardner）有关创造力的早期著作之一。此书描述和分析了像爱因斯坦和莫扎特这样的伟大人物，以及他们的生活故事和创造性工作的过程。

我们在赞美神话般的独行侠时也会感到内疚。在前几章，我们就提到了爱因斯坦和毕加索，而且，迄今为止我们已对两位独特的访谈对象所做的陈述做了深入探究。因此，这一章会涉及他人在创新中的重要性。我们强调，在讨论富有创造力的个体时，还要考虑除主角之外还有其他什么人参与，这一点很重要。创意究竟从何而来？一个管理者、教师或其他什么人如何能够在一个独特的个体创新中起到重要作用？

正如我们所见，最有创造力的人往往是行走在现存事物边缘的人，抑或他们会任由自己目前所处的环境来激发他们的灵感。本章关注站在别人的肩膀上来实现创新，利用现有知识中的空白和漏洞作为创新的动力。

加德纳是当今丹麦最为重要的教育心理学研究者之一，他对丹麦小学日常教育实践影响很大。例如，在丹麦学校，常常会见到图解各种才智的海报。加德纳的一个基本观点是，我们不只拥有一种才智（由智商测试衡量的），而是拥有多种才智，如音乐才智、个人才智和社会智力。

接下来，我们要讲述的是安德烈亚斯·戈尔德的故事，他出生在俄罗斯，定居在柏林，被誉为21世纪德国伟大艺术之希望。截至目前，我们只把丹麦的案例纳入考虑范围，但为了安德烈亚斯，我们将偏离这一原则。从某种程度上讲，这是因为安德烈亚斯与丹麦是有联系的，丹麦是其最早展出绘画和雕塑作品的地点之一。安德烈亚斯也特别引人关注，因为关于创造力他有自己的观点——带批判性的观点。安德烈亚斯的观点促成了本书一个基本论点的形成，那就是我们必须走到现存事物的边缘才能变得富有创造力；创造力会通过对现存事物和寻常生活的突破而浮现。不过，稍后我们将在一个完全不同的背景下开始讲述我们的故事，那就是小说界。

当我们把创造力描述为走到现存事物的边缘这一行为，这意味着什么呢？是彼得·斯坦拜克讨论的采样吗？或是像比雅克·英格斯那样具有创建混搭式建筑的能力？换句话说，就是以新的方式将现实事物结合起来的一种现象。这就是所谓的创造力吗？或者只是简单的借鉴？甚至剽窃？创造力是独特的，严格地说，它是从现存世界中释放出来的，因而超越了所有边界。

伟人的剽窃

让我们引用小说界的一个例子加以说明，这个例子可能还具有煽动性。这是拉什·索比耶·克里斯滕森（Lars Saabye Christensen）的小说《开放日》（*Open House*, Åbent hus, 2009）中的一段话："比我伟大的人曾经说过，二流艺术家靠借鉴，而杰出的艺术家靠剽窃。"编剧威尔·布拉坦恩（Will Bråten）在与其小说同名的电影首映时曾悄悄溜进剧场，当时他就是这么想的。前编剧顾问在其不知情的情况下把剧本偷走，威尔原稿中的某些细节被更改了，影片的故事发生在哥本哈根而不是奥斯陆，两位年轻的主人公，威尔和卡特兰（Cathrin），喝的是杜柏啤酒而不是贝利尼（加或不加伏特加）。

威尔应邀参加了电影的首映礼，在现场，他耐心地等待自己的名字在片尾滚动出现——但结果却是徒劳的。"我并未看见自己的名字，"威尔在小说的最后一页声明。那位编剧顾问以这样的方式从威尔的艺术中获益，确实不怎么厚道，这是剽窃。隐瞒自己的灵感来源是不当的，没有任何现存的艺术作品不从其他艺术作品中获取灵感和创作的源泉。正如索伦·乌尔里克·汤姆森（Søren Ulrik Tomsen）在其最新诗集《动摇镜》（*Shaken Mirror*，Rystet spejl，2011）的注释中提到的，"每一个文本都得益于无数其他文本。"汤姆森接着列举了一系列自己借鉴过的材料：

> “而现在黑玫瑰在雪中怒放”（第11页）这个句子借鉴了多位诗人的作品，例如，*Jeghuset*（1944）一书中欧雷·萨维格（Ole Sarvig）关于“黑花”的诗，而这首诗的主题又与40年前索弗斯·克劳森（Sophus Claussen）在*Djævlerier*（1904）一书中描绘的“黑花”不谋而合。我们也不能忘记露丝·弗兰克斯（Ruth Franks）‘雪中玫瑰’那首歌［我是从爱美萝·哈里斯（Emmylou Harris）1980年的同名专辑中得知这首歌的］，或许还伴着中世纪圣母玛利亚赞美诗的叮咚声“看，玫瑰如何永远盛开”，我们可以发现这是丹麦文（圣经）《诗篇》（*Book of Psalms*）第117首，诸如此类，不可具举。

对于那些希望真正创“新”的人来说，这的确是重要的一课，富有创造力的人会让自己从现存的事物中得到灵感。

在开始撰写本书时，我们一心想着去理解新旧之间的关系。2010年9月7日，丹麦《政治报》新闻网站登载了一篇文章，该文明确了我们的一个观点：“当今世界最伟大的画家之一，安德烈亚斯·戈尔德感叹说：‘创新？！呸！我只是剽窃。”我们一致认为必须找到安德烈亚斯。

在这篇文章中，戈尔德解释了他是如何借鉴大师们的作品，在自己的作品中创造不同的。“当我看到一件作品时，作品是否为现代艺术无关紧要，重要的是它是否是好的艺术品。而那些大师们，他们的作品都挂在博物馆中，所以，我的一部分时间都花在那里，现在也是。我像海绵一样吸收各个时期艺术家的精髓——还从我所看到和经历的一切中吸收养分。到了工作室，我将获得的知识运用于创作，其结果你已在此看见。”

换言之，传统就蕴含在现存的艺术品中。它真真实实地挂在墙上，成为戈尔德创新的起点。

文章见报的那天早上，我们打电话给哥本哈根的拉尔姆画廊，当时，画廊正在展出戈尔德的绘画和雕塑作品，正是这个画展让戈尔德接受了《政治报》的采访。我们与画廊老板拉尔斯（Lars）通了话，很快得知安德烈亚斯正在为画展忙得不亦乐乎。不过，我们最终还是在10月一个寒冷的日子，在画廊找到了他。我们漫步于色彩丰富、具象的绘画——表现主义和自然主义交替呈现——还有那些奇奇怪怪的雕塑（比如伪装成彩绘铜烟灰缸的果盘）之间，我们边走边听安德烈亚斯讲述他以自己的方式进行创作的故事。这个故事不仅发人深思，而且极具趣味性和启发性，这个传奇故事说明了要在安德烈亚斯栖居的世界创新，究竟需要具备什么能力。

如果你不在艺术界，安德烈亚斯·戈尔德可能并不是一个“响当当的名字”，然而在艺术界中，他已被广泛誉为绘画艺术的创新者。安德烈亚斯于1979年出生在俄罗斯叶卡捷琳堡，1989年柏林墙倒塌之后移居德国。他的作品在丹麦的很多场合展出过，而且也现身于享誉世界的伦敦白立方画廊，他被描述为这样一位艺术家：能够将自己接受的有代表性的写实技巧训练与更为抽象的元素结合起来；将物质的与超自然的元素结合起来。在2010年*Magasinet Kunst*杂志刊登的一篇文章中，安德烈亚斯的作品被描述为“吸食迷幻药的弗朗西斯·培根”。然而，他是怎样做到的？什么才是他所看重的？

“我究竟是不是艺术家？”

我们在对安德烈亚斯进行访谈时，他周围弥漫着烟雾。一支接一支香烟燃尽，与其他烟头一起散落在塑料杯中。我们对墙上的画和房间里的雕塑很感兴趣，便与他讨论起来。安德烈亚斯为其略带德国腔的英语感到抱歉，我们则为自己并不太流利的德语致歉。他解释说，自己从来没有周密地计划要成为一名艺术家，这个结果更多的是环境所致。他说，不管是躺在电视机前还是绘画，他都能享受到同样的快乐，但如若不以这种或那种形式绘画，自己便会感觉有些不舒服。访谈中，安德烈亚斯首先强调的是他并不确定自己是否是真正意义上的艺术家：

> 每次人们问我的问题都千篇一律，“你是如何成为一名艺术家的？何时做的决定？”而每一次，我都心乱如麻，完全答不上来。我怎么知道自己究竟是不是一名艺术家呢？那要取决于我不在这个世界时人们对我的定论，我只是做自己该做之事。昨天，我看了一部不错的电影，片名是《黑暗骑士》（*The Dark*

Knight），里面有这样一幕场景，约克（Joker）说，“我的生活一团糟，我只是一条追赶汽车的疯狗，追上了，却又不清楚自己应该做什么。”这就是我画画时的情形。

以下是我们在其他地方听到的有关创造力的描述。比雅克·英格斯也谈及他参与某些活动，但只是在回顾时才看清创作过程中的模式。而安德烈亚斯则表示，自己并不确定他人是否会将其贡献视为艺术，即使他的创作过程并非完全混乱无序，但他的创造性努力最后会出现什么结果却是不确定的。具有创造力的人不会循规蹈矩，而是一头扎进工作中，到后来才能看清这些模式，而且，他们很依赖于别人对这些模式的领悟。否则，画布上的就只是些油画颜料，或者就像比雅克的案例中那样，在Nørrebro顶层摆放的就只是迷你房塑料泡沫模型而已。为了避免识别过程中固有的不确定性，安德烈亚斯在继续接受访谈的同时，很快开始谈及下一幅绘画。

安德烈亚斯说，“我并不擅长言辞”。许多艺术家在讨论创作过程时都持谨慎态度，当然，这种情况可能是由于语言的限制而缺乏表现的广度。安德烈亚斯继续说：“问题是，离开了观众，艺术便不复存在。除非有人说它是艺术，否则它只不过是画布上的油画颜料。”

因此，艺术家是极其依赖公众的，只有公众能称其为艺术家。换言之，创造力从根本上来说是与其他事物关联的，或者正如我们在本书前言中强调的，创新是在社会实践、各种规范和价值观等范围内开展的，所有这些都是评价何为创新事物的出发点。这就像一棵树在森林里倒下，如果有人在听，它只是发出了声音。

多种灵感来源

许多艺术家在进行创作时都使用宗教隐喻或叙事。当问及安德烈亚斯的艺术动机是否源于宗教时，他回答说，虽然他确实使用了宗教领域的人物，但对宗教中的政治成分并不感兴趣：

> 绘画中更重要的是图案，是一幅画的构图；你使用同样的材料，但却从中创造出新的东西。从历史的角度来讲，许多艺术家被迫根据一些掌权者的需要来绘画，但这些绘画仍是很美的，问题在于你怎样才能将它们转换成你所处的时代。但我真的不知道，我今天所说的话，明天便有可能被否定。

访谈中，安德烈亚斯大多数的评论都伴随着笑声，既带有讽刺，也揭示了整个过程中一定程度的不确定性。

安德烈亚斯一直强调是他人让自己具有了创造力。他三番五次地回到两个话题，一是他之所以被视为一名艺术家关键在于观众所起的作用，二是他要借助于那些现有作品，并把这些作品视为其创新的出发点。我们更加仔细地询问了他的创作过程。他告诉我们，自己通常有两种工作方式，要么仅从事物开始——画笔、绘画颜料和画布，要么从画笔、绘画颜料、画布和一个想法开始。通常情况下，只有在他为某个展览创作时，他才会有特定的想法或概念。

我们一边说话一边漫步于展览馆中。有好些特别优美的作品非常夺人眼球：架子上摆放的一些微型画架和微型人就是一例。我们询问了安德烈亚斯是如何捕捉到这种特别想法的。他说：

> 哦，我当时正好在一家出售美术用品之类的大商店闲逛，然后我看到了这些小小的画架，于是我就想，好吧，我需要创作一些微型作品。因为所有的艺术作品其规模都愈来愈大，那么为何不另辟蹊径，创作一些袖珍作品呢？

创造力研究人员罗伯特·斯滕伯格和托德·陆伯特（Todd Lubart）共同提出了创造力投资理论，该理论对于安德烈亚斯所描述的观点有重大意义。两位学者称，有创造力的人低买高卖。换句话说，他们吸收别人未曾真正注意过的想法，并根据这些想法做一些具体的事，然后以高价售出。当然，安德烈亚斯谈论的并不是低买高卖的商业逻辑，但他清楚，当别人都忙着做大时，做小或许是个不错的主意。有创造力的人习惯横向思考和行动——他们背道而驰，独树一帜。

安德烈亚斯继续说，“我有大约20本素描或用手机拍摄的照片。其内容可以是我遇到的任何东西。以前，我有时就直奔绘画，结果出了很多错，这就意味着我不得不从头开始画。如今，在画布上认真绘画之前，我至少测试三四种颜色。而其他时候，我只是四处走走，寻找自己需要的东西。例如，我到朋友的工作室闲逛，那里有各种各样的废旧杂物——有现代的，还有中世纪的。所以，我去他们那里，并得到了很多灵感。”

由此看来，安德烈亚斯工作过程中的灵感来源很多，他从手头上已有的各种各样的事物和灵感源泉中获取想法。他说：

> 我曾在白立方画廊举办过一个画展，画展场地非常紧凑，所有的绘画作品都紧紧地挤在一起。画廊色调很暗，呈现一种与宗教和死亡相联系的艺术风格，还有天主教的绘画作品等等，但更多的是包含各种艺术作品的大杂烩。

换言之，对安德烈亚斯来说，创作过程可以以两种方式开始：要么是基于经验或即时灵感直接绘画，这是一个纯粹自然的过程；要么是在特定概念指导下作画，这种情况常常发生在他为订单或大型画展工作时。

学徒制与创新

我们问安德烈亚斯是如何获知这些绘画方式的。“是想法主动来找我的。事实上，没有人告诉过我应该怎样做，或我应该做什么。我认为你需要找到自己的方式，真的没有你可以学习的正确方法，它因人而异。”

“我在俄罗斯和柏林上过艺术学校。在俄罗斯时，我还是个孩子——他们有专门培养运动员、芭蕾舞女演员和其他职业的特殊学校，迄今依旧存在。两周前，我正好在那儿，我拜访了以前的学校，而今这所学校已是一所特许学校，只接收富人的孩子。看到这一切，我觉得很奇怪。在过去，任何人都可以去那里，但现在却关乎钱财，这太可怕了！因为很多孩子都没有钱，不是吗？但是，这所学校教会了我所有写实的手法，是非常重学术的教育，让我在9岁时就可以画画。不过，你也可能知道毕加索的这句名言：‘9岁的时候我就可以像拉斐尔那样画画了，但是之后我却用了30年去学习怎样绘画。’”安德烈亚斯大笑起来：“我认为这对我同样适用。”

能够涂色是一回事；能够绘画完全是另一回事。安德烈亚斯强调说，只掌握技术是不够的。绘画涉及走进社会的实践——与其他艺术家建立某种关系链，其间你必须找准自己的位置并找到自己的风格。怎样实现却很难说。然而，安德烈亚斯在访谈中还是透露了一些他个人的“方法”。也许，有机会上一所特许学校的确是一种优势，在这样的学校你可以学习并掌握基本原理，也许这种技艺的要素就是探索创新的核心，而这样的探索也需要个人找到他自己的风格。安德烈亚斯表示：

> 是啊，这一切都需要花很长的时间。学习技巧很简单，几乎是一种临摹练习。但我的意思是，文艺复兴时期的艺术家和伟大的具象画家之所以成为大师，是由于他们不仅仅表现传统，

还增添了新的东西。作为一个孩子，我也曾细致地临摹过，所有老一辈大师都是这样过来的，那是我们教育的一部分。所以，当你谈论创新的时候，实际上就是剽窃。有人在过去这样做过，你拿了过来并继续下去。我的意思是，在过去，我们甚至没有谈论过艺术家，说的多是师傅和学徒。学徒只是传承师傅的衣钵，这就是我对旧时的师傅很感兴趣的缘故。可笑的是，现在有很多年轻艺术家整天想要创造一些新东西，只强调"我，我，我"。他们没有任何目标，只是想创造一些新东西，这就是为什么所有的"创新"之物只是多了点"家庭主妇"的气息。他们坐在那里，就想着创造出全然不同的新东西。然而，他们更多的只是在做一些实在的好事，这就是我所想的。

安德烈亚斯因而更喜欢旧传统的学徒制。学徒，顾名思义，就是传承师傅的衣钵。他还觉得，学徒制可以对现今无法容忍的只顾自己的现象进行纠正。这样的只顾自己可能会阻碍创新，还具有一定的风险，正如比雅克·英格斯指出的，这只能使项目更多地与艺术家本人有关，而不是与他创新的工作有关。

我们能从安德烈亚斯那里学到什么？

在《伟大的成就》(*The Great Achievement*，Den store præstation，2010）一书中，艾伦·雷安娜和迈克尔·特罗勒（Michael Trolle）

这样写道，坚忍、完美主义和创新是通向伟大成就的密钥。首先要关注的是在现有培训方法和手段的帮助下进行培训和练习。有创造力的人会借鉴传统，这是否是现实中更为常见的情形呢？许多人自认为具有创造力，但事实并非如此，因为他们在工作中会有一种错觉，以为脱离现存世界也能创新，这是真的吗？

英国人类学家蒂姆·英戈尔德（2001）强调，所有的创造力都具有将连续性和创新紧密联系起来的特征。事实上，他认为创造力是一种“再创造”，而创造过程包含了过去、现在和未来之间的持续性关系。瑞典的创造力研究员拉尔斯·林兹洛姆（Lars Lindström，2009）在谈及创造力时，将其说成是对现存事物的再运用。

主要问题是，当我们赞美具有创造力的偶像——诸如发明家、作家和实业家时，我们往往不那么重视创造力的物质基础。我们告诉别人这些偶像的创造只是他们自身的产品，或出自内心的创作源泉，我们视其为独立的个体。但情况并非如此，那些将创新想法付诸实践并取得突破性成功的人，就是那些能为社会注入新鲜血液的人，也许部分原因是这样的产品是建立在传统之上，能被充分识别。例如，大公司只有在发现新产品有实际市场时才富有创造力。同样，安德烈亚斯·戈尔德似乎也说过，艺术家只有在其作品被同行和公众认同为艺术时，才可称之为艺术家。

正如法国社会学家布迪厄（Bourdieu，2003）所强调的，如果分析艺术家产生的根源，我们不应低估生产和消费之间的关系。没有市场，就不可能有艺术家。这并不是产品销售额的问题，它还代表了对艺术家身份更具象征性的认同。

最重要的是，我们可以质疑那种将传统和创新截然分开的观点。对传统与创新的相互关联缺乏了解，势必阻碍创造力的发展。丹麦人类学教授克里斯汀·海斯翠普（Kirsten Hastrup）对此也有相似的见解，她认为创造力应同时包含新与旧，认识的和出乎意料的。她说：

> 从根本上说，我会把“创造力”描述为我们体验新事物诞生的一种方式。而且，创造力并非完完全全与世隔绝（如果那样，肯定会被视为疯狂的想法），也不仅仅只是对预期结果的一种适当回应（这与行动能力相同）。为了让“创造力”保留一种独立的意义，它必须既有可辨的成分又有些出人意料，既有新的又有预期的。

创造力并不是从现存世界中解放出来的；它同时包含意料之外的和认识的——既有焕然一新，又有推陈出新。用比喻的方法来说，这就相当于我们汲取他人的知识、挤压海绵并生产出一些新东西。而对新事物的辨别，海斯翠普则强调了情感的重要性：

> 问题的关键是，社会创造力不仅仅是有关新的组合，就好像一种纯粹的智力练习一样……同时，还必须包括某种语义和情感的新鲜感，即便充满意外，与现实脱轨，他人也准备参与。

在现实的社会空间，创造力就是这样让他人行动起来的，而且，具有创造力的人能够激励他人，说服他人对他的创新想法投入资源、精力和时间。这并不是一种纯粹的智力活动，旨在以新的方式将不同东西结合起来。创造力包含某种情感的新鲜感，促使我们去把握新事物的价值——尽管事实上这都是新东西。当然，掌握这一点是一门艺术。换言之，创造新的东西是一门艺术，创新的事物恰好与现存事物略有不同，且能为他人的世界观所理解。

站在别人肩上的一群人

主流思想认为，创造力从根本上说与环境无关，但安德烈亚斯·戈尔德的经历却对这一主流思想提出了质疑。也许，遵循已有的路线会更好，但事实是，彼得·斯坦拜克和比雅克·英格斯的经历都表明他们也是这样做的。所有这些经历都表明，具有创造力的人会从世间已有的传统和事物中汲取灵感——包括电影、科幻小说和已故的大师。他们在已有知识中发现矛盾、断层、漏洞和裂隙，然后把这些问题作为出发点。

这些做法从根本上挑战了有关创造力的普遍观念。事实上，许多心理学与创造力的研究，从根本上把创造力理解为一种个别现象，涉及一个人要学习用不同的方式思考，通过就对立与冲突问题进行思考来挑战惯常的做法（以及求同思维）。这也是创造力的一部分——但问题是这一过程并不是独立存在的。

斯坦福大学人类学教授雷·麦克德莫特（Ray McDermott）对天才个性化的观点进行了抨击。他认为，天才和创造力不属于一个孤立的认知空间，而属于那些能够把各种问题综合起来并清楚地加以界定从而找到解决办法的人们。创造力的最佳词意是“共同的”。人们利用手头的资源做他们必须做的事情，这意味着创造力的起源并不在一个人，而是那些站在别人肩上的一群人。根据麦克德莫特的观点，那些有所突破的人，应被视为链条中的一个环节。从这个角度看，对个人的颂扬显然错位了：“当我们把奖品颁发给个人，我们就忽视了协作。”

有趣的是，从这个角度来看，即使是艾萨克·牛顿本人，也因其称赞他人的工作而闻名：“如果我比别人看得更远，那是因为我站在了巨人的肩膀上。”我们倾向于在大脑中将天才和创造力放在一块儿，但也许更准确的说法是，创造力是关乎一些人为他人创造了合适的条件，使得他们在天时地利的情况下采取了正确的措施。

这意味着，我们必须注意正确地描述创作过程（总有遵循的路径）。正如麦克德莫特所说，我们还必须明白，创新经常出现在特别富有创造性的环境中。

天才是累积的：苏格拉底、柏拉图和亚里士多德是三代师徒；孔子、老子、庄子、孟子和韩非子接踵而来；达尔文和华莱士于同一年提出了进化理论。

就创造力而言，人们通常假定，个人总是会与社会的限制产生碰撞，因而在有关创造力的概念中，往往会赞美个人天才。但情况并非总是如此。创造力遵循一定的路线，而且其轮廓已由他人设定。

下一章我们将做一些改变，尽管仍会停留在艺术世界。我们将去拜访丹麦流行乐坛最成功的作曲家之一索伦·拉斯泰德（Søren Rasted），向他学习如何创作畅销歌曲——以及如何保持这样的创作。我们还将见到芭蕾舞演员亚历山大·科尔本（Alexander Kølpin），与其探讨夏季芭蕾，以及如何成为一个酒店老板的故事。

以上提及的二位皆取得了成功——尽管他们自身的感觉有所不同。索伦认为比他更出色的流行歌曲作者大有人在，而亚历山大·科尔本则称自己的芭蕾舞技还不够好。换句话说，他们都熟知安德烈亚斯·戈尔德所描述的谦卑，但二位认为创造力并不难，而且都善于从商业的角度进行思考，非常具体地推销自己的创造力。

第五章
CHAPTER 5

把无聊当资源，怀疑当动力

2011年6月夏天的一个晚上，应索伦·拉斯泰德的邀请，我们在其家中与他进行了数小时的谈话，讨论了创造力对于其职业生涯的重要性。因此，这一章不仅涉及索伦本人，还探讨了一个人如何能够成功地创作出一个又一个经典作品。除此之外，还虑及一些伴随着创新而来的疑惑和不确定性，以及表现不是最佳的感受。这也是我们将索伦与亚历山大·科尔本的故事相提并论的原因，因为它们属于同一类故事。

“仍未完全掌握技艺”这种感觉在索伦和亚历山大·科尔本的故事中反复出现。尽管早年上的是芭蕾舞学校，之后又试图以跳舞为生，但亚历山大并不认为自己已经成为了一名优秀的舞蹈家。索伦则认为，自己的水平与身边顶尖词曲作家相差甚远。然而，他们都承认，自己善于将艺术和商业利益结合起来——低买高卖，即罗伯特·斯滕伯格和托德·陆伯特所描述的“创造力的核心”。

创意行为的“指示灯”

索伦·拉斯泰德在妻子琳恩·奈斯特龙（Lene Nystrøm）和同事克劳斯·诺林（Claus Norreen）及雷奈·迪夫（René Dif）的帮助下，担任了多年水叮当乐队的领奏者。作为一支流行乐队，水叮当是丹麦经济创意行业的重要“指示灯”之一，其重要性不言而喻。该乐队已经发售3 300万张专辑，从销售额来看，它是丹麦最成功的音乐组合。该乐队单曲《芭比娃娃》（*Barbie Girl*）力压ABBA乐队和A–ha乐队，至今仍是斯堪的纳维亚半岛有史以来最为畅销的单曲。

水叮当乐队于1989年成立，并在1997年以一张*Aquarium*专辑红遍全世界。该乐队2001年解散，后于2007年重组，并于2011年秋季发布了新专辑。其间索伦与其侄子尼古拉·拉斯泰德（Nicolaj Rasted）合作的二人组合“你好，数学”（Hej Matematik）获得了巨大成功。

在那个夏日的夜晚，索伦的家里呈现出一派忙碌的景象。琳恩·奈斯特龙匆匆走出健身房，与我们共进晚餐，但很快她便离席，上二楼与一家广告公司详细讨论一个新音乐视频的制作。

将无聊视为一种资源

索伦解释说，他一直将无聊视为激发创造力的最佳途径。“童年时期，我度过了大把无聊的日子。你能做的最糟糕的事情就是将孩子扔在电视机、电脑和电子娱乐设施前。”他还说，这种说法来自丹麦最佳流行乐团之一——水叮当乐队，可能并非你所期望，然而，正是无聊促使你产生创新和突破的渴望。另外，索伦也完全同意我们所听到的另一种说法，即创新过程中努力工作的必要性：

> 我今天刚与一个年轻小伙子谈了话，他大概二十六七岁，刚刚开始走我的老路。我认为他做得太少了，并直接告诉了他数量是至关重要的。当我们拿着一张录好了12首歌的专辑时，那很可能是从120首歌曲中精挑细选出来的佳作。所以，尽管可能会使他觉得惭愧，我还是对他说了这番话，想帮帮他。除非你开始时就准备齐全，否则就是白费力气。

人们通常认为最终的作品是基于头脑中的大量草稿，然而，索伦后来说，在无穷可能性的世界中工作也是不可能的。创新需要“人为障碍”和一定的限制，在本书中我们将反复提及这一点，因为我们认为这是创新的基础。此外，他还说，安全感和自信对于创新能力也是至关重要的：

> 如果你缺乏自信，就像我在某些时期经历过的那样，那也不太好。相反，在趁热打铁的时候带上点儿满不在乎的态度，这意味着只要五天就能创作出世界一流作品；而在其他时候，哪怕花费四五个星期，其结果也不过是二流作品。但我能感觉

到，在创作的起始阶段就同时尝试钢琴和吉他总会起到作用，因为你无法对一开始就不存在的东西进行修饰润色。

于索伦来说，音乐就是关于你如何兜售自己的想法，这就是为何他要把自信作为其中一个重要组成部分。拥有自信，他就能说服乐队成员，然而，他也承认并非任何时候都能在冰上驾驶，成就每一件事。索伦亦不讳言他偶尔会吸食大麻以推进自己的创作，因为这样做可以让他打开思路，扩大可能性。

然而，索伦坚持认为音乐制作与毒品绝对不能相提并论。在工作室时，他需要进入一种最佳状态。歌曲作家的工作百分之百与创造力相关，但音乐制作人的工作则要求一种极度的理性。与水叮当乐队成员克劳斯的合作虽暂被搁置，但还是非常令人满意的。与他人一起庆祝成功会更有乐趣。他还说：

> 我为独唱艺人感到难过。我所制作的一切都是和他人一起合作的，因为与人合作能丰富整个创作过程，一加一等于四。克劳斯很严厉，到最后我才明白过来他是正确的，与此同时，我已经能够站在他的位置正确看待问题。音乐是一种形式不断变化的有机体，就像时尚一样，瞬息万变，潮流比以往任何时候都变得快。迅速改变——这是一门技术。

当我们问及他是如何得到这些想法的时候，索伦回答说，自己目前正致力于研究一个有关“加与减”的概念。如果一段音乐表现出欢快的节奏，那它一定用的是小调，而较为深刻的感情一定是用大调来表达的。更重要的是，一定要了解创作的主题并与其保持一致。索伦说：“这是我为自己设定的限制。”对二人组合的乐队“你好，数学”而言，音乐是以和谐音为导向的，且音域较为狭窄，而水叮当乐队的作品音域更为广泛，并能更多地呈现出一种动作喜剧风格。

此外，索伦还觉得自己对制作热门音乐特别有感觉，主要得益于幼年时父母对摇篮曲传统的看重。音律和节奏感是他自小就接受的东西。索伦说：

> 我的母亲总是很教条。“永远不要用C调创作歌曲，永远不要。”不管怎么说，她对流行音乐一无所知，但我总是洗耳恭听。
>
> 克劳斯和我目前正在用与以往不同的方法进行和弦制作，用的是五度与四度和音。我们已经分析过究竟是什么元素让其他东西听起来有新鲜感，这涉及一种特殊的调音方式。我们问自己，“为什么我们不那样写呢？”即使我多年来都在做音乐，但并不是一个技艺特别娴熟的音乐家。我技艺不精——不爱深究。

在工作中，索伦处于一种紧张状态，一方面，他了解音乐如何运作——他认为这一点很重要，另一方面，他却不是真正的音乐大师。或许他只是谦虚？索伦使我确信，不管怎样，他所做的一切，从歌词到标题再到每一个字词，最小的细节都是经过再三推敲完成的。

就像安德烈亚斯·戈尔德一样，索伦对“人可以创造新事物”这种观点不以为然。在他看来，所有的东西都已经发明出来了，而艺术就在于抽取那些已经存在的东西并将它们重新组合：

> 那些创造出全新东西的人—他们根本不存在，你不可能创造出全新的东西。人类已经发明了语言，而灵感都是来自你在自然界中所见到的，来自报纸、杂志和电视节目的影响。我的母亲告诉我，“灵感成就你和你的事业”，但它不是来自某一个地方。我在日常生活中积累了很多东西，我不相信神灵的启示，但我喜欢与人合作。如果你周围都是热衷于所做之事的成功人士，这是非常鼓舞人心的。当然，他们有时也可能会情绪低落。

索伦不会在体制内去发挥他的灵感，也并不觉得自己擅长为获得成功给自己定位。他解释说，自己曾一度认为是接近“上帝赐予的音乐礼物”之人，但如今却明白其他词曲作家可能比自己更为优秀。这就是为什么他现在和一些优秀的词曲作家共事并花更多时间从事音乐制作的缘故。索伦还认为，对他来说，创造力涉及很多方面，但在一个与外界隔开、没有干扰的“气泡”中工作，他表现最佳。他有冬天跑步、户外游泳的习惯，这些习惯经常为其提供了一个空间，在此，他可以进一步思考一首歌或一个创作过程的具体步骤。

即便是作品的写作和制作过程，进度仍是缓慢的，需要打很多草稿最终才能完成。索伦解释说，水叮当乐队首支成名曲在写作时，他想象着自己正身处哥本哈根一个名为Savanna的俱乐部，“我闭上眼睛，想象着人们听到这段音乐时的反应，最重要的是那种感觉：‘对，就是它！’然后，你可以对其进行完善。克劳斯对此比较擅长，他经常阻止我说，‘嘿，你不能以那个单词结尾。’”

对于索伦和克劳斯来说，发现日常工作实践的公式已成为一门艺术，尤其是他们两位现在都有孩子。索伦说，虽然他们有时一周有6～7天都在工作，但平静和孤独仍是创作期间的必要条件。那时，他们就会聚在一起，彻夜工作以找到一种别样的魔法。这背后的驱动力是索伦觉得他们还没有创作出最好的歌曲：他们还能创作出更多佳作。

索伦对制作过程中例行程序的必要性以及合作的价值都深信不疑。他告诉我们有关幕后制作人员的情况。例如，尼克拉斯·安克尔（Niklas Anker）是水叮当乐队的第五名成员：“他总是在那里，他充沛的精力对我产生了很大的影响。我也密切关注其他制作人的工作：诸如特雷弗·霍恩（Trevor Horn）、路克博士（Dr. Luke）、弗洛德（Flood）、马克思·马丁（Max Martin）、里克·鲁宾（Rick Rubin）、罗伯特·约翰（Robert John），还有‘笨蛋’兰格（‘Mutt’ Lange）等等。”

尽管有些人在创新过程中可能天资更好，但索伦觉得没有谁天生就比别人更具创造力。当然，有厌倦这一关键因素的存在，还有梦想着“这可能会很好”。所有一切都是为了弄清楚究竟是什么能令人幸福。依照父母的意见，索伦去商学院接受了教育，并在挪威国家石油公司驻哥本哈根的主要机构营销部担任教员，也许他正是在这里学到了商业技能。尽管索伦说他的确想念同事们，然而，最终他还是走上了音乐这条道路。

尽管索伦的故事与亚历山大·科尔本的情况并不完全相同，但二者还是有关联的。两人都描述了某种不确定性和对自己的怀疑，都由低自信所驱使，都善于团结周围的人一起合作并尽可能让更多的人接触到他们的艺术作品。我们在哥本哈根阿玛莲堡附近的一个小餐厅Fremtiden见到了亚历山大。

灵感之源

亚历山大·科尔本从一名职业芭蕾舞演员改行成为一名制作人、导演和舞台监督。他是每年夏日芭蕾舞团的负责人，最近刚成为一家酒店的老板。谈及创新活动，亚历山大称，“在成为企业家的同时，我也想走出去，让之前错过的事情在创新过程中发生。”

亚历山大于1978年被位于哥本哈根的丹麦皇家芭蕾舞学校录取。从1987年起担任独舞演员；1991年，他创建了夏日芭蕾舞团；1995—1996年间在瑞士莫里斯·贝嘉（Maurice Béjart）芭蕾舞团担任舞蹈演员。他还在美国、加拿大、日本和中国香港留下了足迹。对于亚历山大来说，其人生的动力便是回答这个问题：他个人希望体验什么？亚历山大说：

> 我没有过多地考虑什么样的节目最卖座，我更关心我想做什么。但是，即便对于芭蕾这样如此小众的项目，我也要让它更加亲民、更有魅力，而且，很明显，质量不应因此下降。我们得卖票，我们要经营，因为我们不是国家支持的企业。我们需要精通业务，要有非同寻常的作品。你可以好好想想，公众与艺术的差距有多大，而作品则要定位于二者之间。正是在这种对话和会面中，你找到了那种经历。之后，你邀请了某人加入。我需要想想艺术家如何才能满足客户。我的意思是，我身处娱乐行业。

亚历山大解释说，他想感动并激励尽可能多的人。其出发点是，如果他热爱某种东西，或感觉某个舞蹈很有趣，或某个设计师令人兴奋不已，那么他需要将这些转换到芭蕾世界，使之引人入胜。他说：

> 从一开始我就负责一切，但我也需要放手。重要的是我选择谁，所以我需要相信他人。目前，有四五个人和我一起工作，我们已经共事多年，关键在于我对他们的信任。事情并不总是朝着我想象的方向发展，而且可能会走些弯路，但我有信心，一切都会好的。

信任和他人的参与是本书贯穿始终且反复提及的核心理念。亚历山大说，对于一些选择他在很大程度上靠直觉。“我可能会爱上一段音乐，然后可能创作一些与之相关的东西。我得把好些元素拼凑起来写成一个故事，然后找来一些人，把人与故事结合在一起。”

这个过程常常来自非常具体的东西，有可能是一段舞蹈或一首乐曲。亚历山大称他创建了达达主义的拼贴、曲调和体验，其结果让人身临其境。其中并没有什么转折点，没有结论，也没有特别深入的分析；反之，整个过程就是一种探索，在作品中发现那种体验。当被问及动力从何而来时，亚历山大说：

> 这纯粹出自内心的自卑。我其实真的不知道，也许是因为我喜爱娱乐吧。这么做是为了我自己，同时我也喜爱为他人带去正能量。在孩童时代，我滑滑板，打曲棍球，能玩的都玩，而我姐姐则去了芭蕾舞学校。我从11岁开始跳舞，13岁进入芭蕾舞学校。我的父母都反对我学舞蹈，而我则执拗行事。我一直觉得自己像个无家可归的弃儿，而且我真的不是一个出众的舞蹈演员，但我作为一名舞者的全部动力是——据其他人说——独特的个性。我喜欢转换角色，扮演其他人，而且我还必须掌握好这些步骤，但我擅长讲故事。

同样，亚历山大觉得，自己作为一家酒店老板，其动力是想为别人提供一种体验，想讲述故事。该酒店的日常运作和管理已委托给一位首席执行官，他对这项工作非常在行。还有一件不幸的事，但又无法避免，那就是与该体验相关的其他问题必须符合规程，而且，同索伦·拉斯泰德和比雅克·英格斯一样，亚历山大需要有合适的帮手。亚历山大称："从这个意义上讲，我就是马戏团的管理人员，我需要清楚每一个人都在往同一方向使劲儿。"

在上一章中，我们引用了克里斯汀·海斯翠普教授的基本观点，即创新既要新颖又要熟悉。这样人们才会接受创新性的表达和产品，或产品所呈现的理念。亚历山大·科尔本强调了邀请他人参与的必要性。他说："现代舞蹈非常神秘和傲慢。那么其慷慨大方表现在哪里呢？对我来说，基本原则就是把画留到最后，我喜欢在最后时刻将各种元素拼凑在一起。但我认为，当我被彻底鼓动起来，产生一个清晰的概念，且愿意将我对这个概念的不安之感展示出来时，我们便可以着手实现这一想法了。我越是精力充沛，就越能感染更多的人参与其中。"

按照亚历山大的说法，创造力是不能强迫的——你不能在桌前干坐着，等待想法的到来。"对我来说，这是一个成熟的过程。这些小小的冲动会突然出现。通过与启人心智之人交谈，我得到了很多启发。我所尝试的音乐和照片越多，其结果就越好。"

总而言之，创新需要你自己有获得灵感并能将周围的人给你的印象和冲动聚集起来的能力，这就是灵感之源。

把怀疑化为一种动力

索伦·拉斯泰德和亚历山大·科尔本都为怀疑和不确定性所驱使。

随着时间的推移，二人都已学会了用轻松的态度对待这种自身能力的不确定性，并开始将拥有他们所缺技能的人纳入他们的圈子。如今，他们将自己看成是经历丰富的制作人和管理者，愿意接纳尽可能多的人。

特雷萨·阿玛贝尔在其1996年出版的《创造力脉络理论》（*Creativity in Contextext*）一书中写道，很多创造力研究都集中在识别个人创造力的认知过程上，人们忽略了创造力产生的条件。例如，人们如何满足挣钱的需求？如何获得初期的成功？如何对待公众的批评？通过关注日常创新的一些具体事例，我们便能够明确这些条件，而一种条件被提及的次数越多，它就越可能是现实情况。

阿玛贝尔还提到了作者们的焦虑情绪，他们担心自己不会成功。由于作者之前所取得的成功为其设定了一个期望值，而达不到这个期望值，就可能会产生很大的不确定性和严重的焦虑感。对于这一点，丹麦作家朗·艾布拉斯（Lone Aburas）在其小说《艰难的第二代》（*The Difficult Second*，Den sværetoer，2011）中为我们提供了一段幽默的文字说明。而索伦·拉斯泰德和亚历山大·科尔本在反思中也对此进行了很好的阐述，他们的反思集中在自己没有熟练掌握技能，他人取代了他们的位置，最后使其不得不重新寻找新的角色。他们就是自己作品最大的批评者，然而艺术，当然，就是要严格控制这一批评，使其不至于毁了艺术品在这个世界诞生的机会。“只要你感觉正确，五天之内便可创作出世界一流作品，”索伦是这样说的。

二人均强调，一切都是有根可循的，而且创新还包括对早期作品的重新诠释。虽然他们想创作出别人感兴趣的东西，但其动力却来自他们自身对美好音乐和舞蹈的偏爱。事实上，这是普遍情况。因此，阿玛贝尔指的是在创作中受事物本身所驱使的重要性，而并不一定是受他人的兴趣驱使。她还针对那些拒绝各种奖项和奖励的研究人员进行了讨论，因为这些奖项本身就代表着创造力的消亡。一旦目标达到，还能再追求什么呢？正如索伦所说，最好的歌曲还未被写出——那就是动力之所在。我们总是可以做得更好。

在下一章中，我们将步入技术领域。具体是什么促进创造力？我们对这个问题很感兴趣。你能以一种鼓励或限制创造力的方式生活吗？具有创造力的人要怎样做才能保持灵感的火花不被熄灭？我们特别关注创造性的突破和创造力的外部援助。

第六章

CHAPTER 6

和毕加索一起淋浴

本章重点关注我们如何在家中和工作中激励所谓的创造性突破。本章要表明的一个观点是过多的自我意识会束缚创造力。要具有创造力，我们需要偶尔忘记自己，克服焦虑情绪，让身体及其缓慢的思维过程以其自身的节奏运转。正如芬兰建筑师尤哈尼·帕拉斯玛（Juhani Pallasmaa）在《智慧之手》（*The Thinking Hand*）一书中提到的那样：

> 建筑领域中那些具有意义的理念或反响并不是个人突发奇想的表现，它们植根于工作和技艺之中。正是身体内最基本的、潜意识的、情境化的、无声的领悟在其中发挥着作用。而如今人类对个人的高估以及类似理性的、有些自大的自我意识很难与之有什么关联。

我们需要像爱因斯坦和毕加索那样，在浴室或其他任何可能的地方让好的想法自然到来。这是因为，当我们身处某个地方，比如浴室，我们会从积极参与的模式转换到一个更为被动的模式。爱德华·德·波诺（Edward de Bono）在《严肃的创造力》（*Serious Creativity*）一书中将其描述为“创造性暂停”，即为了取得最佳效果而停止思考。有意识地中断工作可以激发创造力，而浴缸可能像其他地方一样是个理想的地方，因为这里被人打扰或侵扰的可能性很小——如果你是独自洗澡的话！清洗身体这个任务本身就是日常例行事务，这就给我们留下了思考的空间。如果你在工作中一直墨守成规，那么走出办公室，去浴室洗个澡，改变一下所处环境，这种做法本身就有助于激发新的想法。

在沐浴中获得“无压力”感

本书所有的访谈都涉及创造性突破这一概念，但其中有两位受访者已经相当明确地将创造性突破定位在浴缸中。其中一位是索伦·拉斯泰德，他的故事在上一章刚刚讲述过；另一位则是丹麦流行音乐DJ肯尼斯·伯格，他同时也是晚会承办人、艺术家、制作人和唱片公司总裁。

肯尼斯上世纪80年代便已为人所知，当时，他的“昏迷”（Coma）晚会和“酸屋”（acid-house）音乐将现代DJ风格和舞厅文化带到了斯堪的纳维亚半岛。在那些激动人心的日子里，那些尚不至于前卫到参加快乐主义“酸屋”音乐舞会的人，都很可能记得他20世纪90年代早期的金曲*Dr Baker hits Kaos*和*Turn Up the Music*。肯尼斯·伯格在丹麦音乐史上屹立30年不倒，如今仍能把握潮流，其唱片公司梦之音乐（Music For Dreams）发行了好几个乐队的音乐作品，诸如丹麦美女电声乐队（Fagget Fairys）、水叮当乐队、Hess Is More乐队、Lulu Rouge乐队。肯尼斯最近还出版了一本关于“昏迷”晚会的书，并和他的妹妹一起发行了梦之音乐的家居音乐集。

肯尼斯解释说，他偶尔会一天沐浴三次以净化思想，冬季时，他还喜欢到户外游泳。沐浴的习惯可能只会在水费账单上体现出来，他觉得户外游泳是极好的减压方式：“冬泳可以让我很好地应对压力。哪怕要面对的问题成百上千，而我只需跳入水中。我想‘我们只需把问题解决好’。游泳可以帮助我做好梳理。”

肯尼斯自称，他的力量来自自己的“无压力”感，即便客观上压力是存在的：“我就像是个船长，哪怕船在下沉，我也要继续航行。”

忘记自我

创造性突破可以表现为一种特殊的技巧，例如：当你需要有所突破，想以一个新的视角去解决问题时，你可以洗个澡。然而，对于肯尼斯来说，沐浴根本不是什么策略：“我不会去思考策略，我只是去做。当你置身其中，你就具有创造性。你不会仔细考虑，你只需去做。”有一个有趣的问题值得思考，那便是：一个人能否有意识地通过创造性突破来提高创造力？或者，这种努力会不会适得其反？这就如同一个女人只是执着于寻找自己中意的男人，那么她绝不会找到真爱。此问题的答案可能介于二者之间。

肯尼斯相当具体地描述了他沐浴时如何将自己完全关闭起来并忘记周围世界。这正是尤哈尼·帕拉斯玛在本章开头所强调的——过多的自我意识会限制自然的、缓慢的思维过程，而创造的艺术在于能够偶尔忘记自己。对于肯尼斯·伯格而言，这个过程平淡无奇：他只是每隔一段时间便沐浴一次。

创新的过程可能需要休息一下，这一间断将是一个封闭的空间，沉默、寂静。但是肯尼斯却坚信，仅仅存在于自己所处的“当下”是远远不够的。例如，当他创作了一首流行歌曲时，他常常发现自己所处的环境已经是不同的“当下”，而理想中正在播放音乐的电台主持人并未像他一样看到这其中的潜力。正如肯尼斯所说：“当你有了些前瞻的想法时，却往往很难令别人信服。”但他人的反对可以成为一种重要的驱动力：“遇到的阻力越多，我就愈发确信我真的获得了些什么。”

经验三则

肯尼斯的故事和彼得·斯坦拜克的有几分相似之处，不同的是彼得逃离了菲英岛，而肯尼斯则离开了日德兰半岛的霍布罗镇，来到哥本哈根为自己创造新生活。他年轻的时候就明白自己想投身音乐事业。肯尼斯解释道，有一天，他穿过叔叔家的草莓园时，突然萌生了当DJ音乐人这个想法。当表弟英厄·汉森（Inger Hansen）问他长大后想做什么时，他立即回答说："（像猫王）埃尔维斯·普雷斯利（那样）。"那是一种从现场音响奔涌而出的音乐。

还是个孩子的时候，肯尼斯就听各种黑胶唱片和磁带音乐，还参加了戏剧和舞蹈培训班。其实，他在十几岁的时候便在奥尔胡斯的自由式迪斯科比赛中名列第三，当时的评委是音乐人安德斯·伯科（Anders Bircow）和演员索伦·皮尔马克（Søren Pilmark），二人均认为肯尼斯应该获奖，并推荐他参加珍斯·奥肯（Jens Okking）的表演班。正是在这个时候，肯尼斯才开始认真演奏，音乐成了他的全部："于是，音乐就这样慢慢地渗透进来，我在夜里精力充沛地工作，晚上也住在学校。"

作为一名17岁的青年，肯尼斯访遍了丹麦各类迪斯科舞厅，从经验丰富的DJ音乐人那里搜集方法和技巧。他说自己学会了三件事：

（1）不要和当地的女孩上床，否则，当你下一次出现在城镇时，她们会心碎。你要和每个人做朋友，因为俱乐部的女孩就相当于你的收入来源。

（2）不要喝酒或吸毒，这样会让你无精打采。一位好的DJ音乐人需要提前为观众准备好五首歌曲。

（3）一切都要围绕音乐展开。你需要安排好曲目，这样你就可以使人们随着你的音乐起舞。从第一首曲目开始，你就要施展魔力，让人们跟着你的音乐走。

每一次创作过程背后都涉及一定程度的分析工作。正如肯尼斯所说："与那些全国巡演的音乐人待在一起，几乎有点学者气了。我随身带着小本子，然后记下所有学到的东西。”

我们会在本书稍后再次回到肯尼斯的故事，了解其在创作过程中是如何将阻力转化为积极因素。在此，我们先继续听听有关创造性突破的故事。

散步、冥想和创作

我们的许多访谈对象并没有主动地说在沐浴时思如泉涌，但都知道这个有关突破的隐喻。其中之一就是乔根·莱斯——一位多才多艺的艺术家、作家、记者和电影制作人。我们在奥尔胡斯见到了他，此前一天，他刚为自己的最新电影《好色之徒》（*The Erotic Human*）举办了一次讲座，参加讲座的有400多人。乔根说很高兴获得这么多人的支持，但自己从来没有真正思考过目标市场的问题。

4月的一个早晨，在奥尔胡斯的普罗旺斯酒店一个美丽凉爽的庭院里，乔根坐在遮阳伞下一边乘凉一边与我们谈话，他说，当他写作或真正需要创新时，会用散步的方式开始新的一天。最近他和一些好友住在海地北部的一家酒店，每天早晨沿着海边悬崖散步让他充满活力——正如他所描述的：“对于我这个年龄的人来说还是挺难的。”

散步其实就是一种休息，就是在引领你步入艰难的、时而焦虑的写作过程。乔根总是忙于寻求促进创新的条件和环境。他说：

在北部海岸生活我觉得非常舒服，说来也奇怪，我总能踏踏实实地写作，这就像有魔力一样。自上次海地地震把我的存稿和工作场所都毁掉以后，创作对我来说很是艰难。我想也许我可以居住在多米尼加。我在尽力让自己适应以便支持我的创作，这也是我一直生活在海地的主要目的，但我还是不能在多米尼加安下心来。我试过了，但我太想念海地了。我曾和一位名叫弗兰克·艾什曼（Frank Esmann）的朋友在海地想一起做些无线电广播类节目，我意识到，我必须回去。

所以，2011年2月1日，乔根坐上了从圣多明哥至海地北部海岸的巴士。一周后，他找回了状态，完成了两本书的提纲。他认为，真实的创作过程对他来说是一个谜，但多年来，他已积累了一些经验，知道哪种条件有利于创作过程：

你时常觉得自己很愚蠢，好像一切都完了，但根据经验，你知道情况并不完全是这样。这就是为何我要调整自己遵守几条规则：我专注于写作，我明白我不会无从下笔；如果认真地对待即时写作，那么灵感便会不请自来；为了营造写作氛围，我会去做一些事情；我知道为了补充大脑能量，我需要运动，早餐前散步——一大早就去。所以，我按照这个计划执行，7点钟从城门出发，沿着陡峭而多石的山路步行一个小时。重要的是战胜自己，这和写作时需要克服自己是一样的。早上的胜利让我感到轻松。在这层意义上讲，散步的确是一个诀窍。如果我只是睡懒觉，那么下午就会觉得疲惫。山路非常难走，能够走完绝对是一种胜利。如果有想法，那我就会尽量抓住它们。另一个诀窍是从海明威那里学到的，那就是你无法连续八小时写作。我可能在早上写几个小时，稍作休息，然后吃午饭，下午再接着写，但晚上就不会再写了，晚上写作的情况很少。

创作过程本身可能是无形无影、难以确定或控制的，而且几乎有一种催眠作用，然而写作的环境是必要条件。创作中的间歇和创造性突破——诸如散步、沐浴和休息，无论是作为一种激励还是一种暂停，都可以以不同的方式促进创新。散步或许是其中最好的催化剂之一。古往今来，艺术家和哲学家们都曾用散步来获取灵感或实现一些想法。丹麦哲学家索伦·克尔凯郭尔为寻求灵感，喜欢在哥本哈根闲逛。事实上，克尔凯郭尔觉得城市里所有的人和噪音都提供了一种必要的干扰，使他得到更多的启发。他还讲述了他是如何将*Either/Or*这本书做了两次彻底的修订。他补充说，除了这些修订，当然还必须算上散步时为此书绞尽脑汁的所有时间。除克尔凯郭尔以外，很多哲学家——包括黑格尔、康德、维特根斯坦、尼采和卢梭——都描述过将散步作为一种重要的工具。

卢梭写道，他只能在散步时冥想——对他而言，冥想二字是进行哲学思考的另一种表述。他进一步表示，当他停下脚步，也就停止了思考，并说：“我的大脑总是和我的双腿一同运转。”他经常在晚饭后行走于巴黎的布洛涅森林公园，而且，他有一套井井有条的方法，他将这些傍晚散步的时间用来思考接下来的作品和写作，这是一套对他非常有效的日常活动。

然而，除了独自散步，乔根·莱斯的工具箱中还有许多其他工具，都是个人的行为习惯。他总会在感觉最佳的句子那里停下来：

> 一个有效的秘诀就是在晚上开始写一些东西，然后到第二天清晨再回来接着写。这样一来，第二天早晨，纸上就不至于是一片空白，这个时候你已经有了进展，而空白的电脑屏幕就像是从零开始。事实上，这种方法我已经多次使用，可能只是到了最近几年，我才发现这是一个秘诀。如果你知道这个秘诀，那你就可以用一用，如果是写诗，那就在晚上先写几行。

我们问：“这是潜意识在起作用吗？”

“不，我认为不是。但当我看到有些诗句需要我继续完成，那我就会接着写。”

乔根说，他在开始的阶段会花费大量的时间，并认为这对于自己的艺术创作具有决定性作用。他更相信过程而不是结果，电影《好色之徒》本身就是有关过程的。对于乔根来说，写草稿远比完成制作更消耗能量，他对影片形式上的框架结构有着充足的信心，并尽可能长地保持住这个框架。他的一些作品标题甚至也强调这种框

《受惊的刺客》(*The Menaced Assassin*)中直接引用过来的。我非常喜欢这幅画，所以就作为原始事物直接搬了过来而没有说明是引用，但我会支持这种做法。我觉得将不同艺术形式和艺术体裁混搭在一起并相互借鉴直接让人感受到一种幽默。唯一令我感到高兴的是，那些研究我的作品的人现在开始意识到这一点了。我认为在一个作品中，在多个层面参考别人的东西是工作的一部分，我经常使用这种做法。”

在电影《好色之徒》中有这样一个场景：一名女子在背诵一首名为《女人》(*La Femme*)的诗。这首诗也出现在乔根1990年在海地拍摄的电影处女作中。“我重复利用，我真的非常喜欢重复利用。我创造了现成物品艺术，而且我是第一个将其应用于诗歌的人——用的都是些可以重复的文本，取自其原有的上下文。在1967年出版的《无人地带的幸福》(*Happiness in No-Man's Land*)中，我有一段以飞为主题的文字，这段文字就是从一本指导手册中直接转换而来，被收入文集中。”

乔根解释说，他不断地寻求，想创作一部前所未有的原创作品。例如，他说1967年他制作的电影《完美的人》(*The Perfect Human*)就代表着一段间歇，即从所有的事情中解脱出来，这是由于影片背后的制作团队已厌倦了拍摄纪录片，为了找到真实的生活现场，他们就得在社会各个角落和缝隙中去搜寻，这个过程通常是永无止境的。“所以，我们反其道而行之。我们把电影拍摄地设在了一间空房间，四面是白色墙壁，只有拍片的人，他们的衣物，确切地说还有那些需要用到的物品。整个场景一片空白，这种构思只是为了对肤浅的幸福和幻想的幸福进行研究。这部电影如今仍具影响力；它依旧给人全新的感觉。是的，这是相对于其他作品而进行的评价，当然是基于某些指标。这就是你所参与的对话，与历史和未来的对话。”

至此，乔根给我们描述了他的成功，这一成功既基于传统又挣脱了传统。纪录片制片人用电影来描述现实，而《完美的人》则关注电影自身的现实性。乔根还讲述了他是如何逐渐开始站在他自己的肩膀上，从自己的早期作品中蜕变，获得新生。他最近的灵感来自诗人英格·克里斯滕森（Inger Christensen），这位诗人的文字和声音正是他目前反复考虑的。

让我们暂且离开乔根·莱斯，到第十三章我们会再次相见，第十三章关注的是创作过程中的局限和障碍。在此，我们简要总结一下创造性突破和忘记自我的重要性，这二者使得我们的创造力成为可能。乔根讲述的关于在边缘和各种艺术体裁之间行走的观点与其他几位受访者的描述惊人地相似，他们包括彼得·斯坦拜克、安德烈亚斯·戈尔德、索伦·拉斯泰德和亚历山大·科尔本。因此，我们认可这些看法会让本书的观点更加凸显，也更有分量。

创造力是无法强求的，但我们可以通过营造有利的空间、在规则和生活方式之间协调好来激励创新，例如可以跑步、休息，慢慢变得更擅长建立各种联系——或更擅长在实际中将注意力从“现在正是创新的时候”这一想法上转移开来。

先行动，后思考

芬兰建筑师尤哈尼·帕拉斯玛同样称，忘记自我是通往无穷创造力的道路——或许可以达到自我与作品的融合，这可能会发生在我们专注于工作之时。

帕拉斯玛写道，创造性工作涉及对工作对象本身有强烈的认同感，从而使我们将自己融入作品中或将自己写入作品中。他的想法受到了维特根斯坦哲学思想的启发，在维特根斯坦看来，哲学著作就是关于自己的，就是在探讨自己，其核心观点是：思想是有形的，而我们是借助于有形的身体（部分通过大脑）来思考。这一点也表明，在我们这个关注自我的文化中，我们并不擅长用别的方式体现自我，也很难忘记自我。或许，这就是为什么有那么多人需要通过正念修心的方法积极地去寻求忘记自我的境界，更不用说其他方法如沐浴和散步。或许我们在增长知识、提升理性洞察力时，忽略了忘记自我的价值。帕拉斯玛是这样写的：

> 诗人、雕塑家和建筑师不仅仅是靠智力、理论或纯粹的专业资质来工作。事实上，他们所学到的大部分东西都需要在忘却之后才能派上用场。

身体的运作是独立于有意识思考之外的。也许当我们没有意识到需要创新，但又投身于给定的工作时，我们是最具创造力的。帕拉斯玛觉得西方文化专注于自我，并非常清楚且有意识地反思对工作的局限。如果诗人在写作的同时还需要思考，那么就可能在中途受困，就像一个骑自行车的人，如果开始去反思自己踩踏板的动作，那么自行车就会失去控制。只有当我们专注于手中的事物，将某个时刻与传统、自我和事物在特定的场合结合起来时，我们的工作效率才是最高的。这就是为什么我们需要先行动，后思考——我们要全神贯注，正如比雅克·英格斯在本书前面所说的那样。

现代职场生活中如何创造性突破？

细心的读者可能在此刻会问：如果你并不是乔根·莱斯、比雅克·英格斯或肯尼斯·伯格那样的人，现代职场生活真的允许心流吗？像秘书、工程师或全科医生真的有机会进行创造性突破吗？而公司企业有足够的信心允许其员工这样进行创新吗？这些问题都问得好。

正如我们之前提到的，由米哈里·契克森米哈所著的《创造力：心流与创新心理学》一书，内容包含了对一位哲学教授的访谈。这位教授提醒那些想在大学里研修哲学的年轻人，大学已不再是能够创新的地方。为了求得工作所需的平和与宁静，即使是教授自己也尽量不待在办公室，因为在那里经常被打扰，根本没有机会让心流发生。教授的观点无疑是重要的，但是这可能与看似神秘莫测又难以掌控的创作过程有关。然而，一个人可以在生活中实施一系列的方案，以促进创新。可选的做法包括心态平和而安静地沐浴，将散步当作催化剂，把休息时间用来恢复精力。一个机构若真正希望对员工的创新能力予以投资，或许就应该在创新过程中对提供上述选择空间的大胆行为予以投资。

本章主要涉及在创新过程中窥视那些裂缝，这与乔根·莱斯的观点是一致的。我们没有必要把创新说得比实际更具神秘感。我们可以向富有创新能力的人学习，因为这些人不只是被动地等待灵感，而是去调整自己，让创新距离他们更近。

在下一章，我们将关注一些通常被认为在创新中占了很大比重的东西——那就是毒品、酒精、性以及其他外部辅助因素。它们真能让我们变得更有创造力吗？抑或这只是不灭的神话？

—— 第七章 ——

CHAPTER 7

酒精和毒品能激发创造力吗？

我们大多数人都可以列举出富有创造力的人及其实例，在他们的生活中有许多时段是处于阴暗中的，或处于边缘地带。在某些音乐场景中，人们有喝酒和滥用毒品的传统。索伦·拉斯泰德先前曾承认，他有时创作出最好的歌曲靠的就是大麻。当我们开始探索这个主题时，才惊讶地发现在文学界、音乐界和艺术界，我们的伟大英雄们有的就是借助毒品或酒精这些重要手段，在创作过程中刺激自己进行创作。

将这些人名列出来，名单之长令我们吃惊。贝多芬在作曲时会喝大量的葡萄酒。还有一些作家，诸如欧内斯特·海明威、埃德加·爱伦·坡、斯科特·菲茨杰拉德（F. Scott Fitzgerald）和查尔斯·布科夫斯基（Charles Bukowski）等，也会在创作时喝酒。而像弗兰西斯·培根和杰克逊·波洛克（Jackson Pollock）这类在当今世界身价最高的艺术家也会享用一下美酒。查理·帕克（Charlie Parker）和威廉·巴勒斯（William Burroughs）更喜欢吸食海洛因，而杰克·凯鲁亚克（Jack Kerouac）在他早年的写作生涯中曾服用苯丙胺（一种苏醒剂）。据传言，凯鲁亚克正是在这种药物的刺激下才写出了那部符号化作品《在路上》（*On the Road*）。值得注意的是，编写那本书花了他五年的时间，所以，在此过程中想必也伴着一定量的咖啡。凯鲁亚克后来改掉了这些习惯，但由于多年酗酒，他在47岁时死于内出血。

波德莱尔曾多年吸食哈希（大麻浓缩制品），之后对鸦片情有独钟，加之大量嗜酒，所有这些可能也是导致他死亡的元凶。对波德莱尔而言，有多种因素可以置人于醉的状态，正如他所说："一直醉吧！就这样：这是个问题。如果你想阻止时间来摧毁你的意志、让你屈服于它，那就醉吧——毫不妥协！怎样才能醉呢？饮几杯葡萄酒，沉浸于诗歌和美德，或放飞想象力。醉了就好。"

接下来，当然还有亨特·汤普森（Hunter S. Tompson），他在1972年出版了《拉斯维加斯的恐惧与憎恨》（*Fear and Loathing in Las Vegas*）一书，在书中他通过描述他和同伴在旅途中所携带的物品，展现了自己个性的另一面。这些物品包括：

> 2包大麻，75粒墨斯卡林药丸（迷幻药），5片高性能麦角酰二乙胺（迷幻药）纸型片，装有半瓶可卡因的撒盐瓶，还有五颜六色的毒品大全：兴奋剂、镇静剂、尖叫丸和大笑丸。

那么服用这些有什么副作用吗？当然有。歌手帕蒂·史密斯（Patti Smith）坦言道："我见到许多人因此而跌落深渊，因为他们的创作依赖于鸦片等有害物质。"

研究已经表明：高创造力、滥用兴奋剂与抑郁、焦虑及精神分裂等心理问题是相互关联的。心理学博士迪安·基思·西蒙顿（Dean Keith Simonton）在《创造力的阴暗面》（*The Dark Side of Creativity*）一书中发表的一篇文章专门讨论了这样的现象，文章标题十分醒目："你想成为创造性天才吗？那你一定是疯了！"幸运的是，我们大部分人不必发展成为创造性天才。实际上，有多种理由可以说明我们应该避免这样做。这样做可能有损我们的健康，或许多数创作过程实际上并不是一个人单独完成的，而是集大家的智慧，是循序渐进的过程。

这至少是创新研究员克里斯·比尔顿在《创意与管理》一书中给出的观点。比尔顿指出，对希望靠创造力生存的公司来说，颂扬个人创造的神话会非常危险，因为具体的创造过程并非像这一神话所暗示的那样，实际上在更多情况下靠的是集体智慧的结晶。我们在本书的结尾会回到这一看法上。从诺玛餐厅、乐高集团、大黄蜂运动服饰品牌、丹麦国家电视台的这些例子，我们可以看出，在员工共同参与、共同工作并服从于聪明的管理时，创造力才会出现。聪明的管理往往会制定出清晰的工作框架，提出明确的工作要求，而无须实际操控员工。

首先，我们将探究受访者在自己的创造过程中是否滥用了毒品，我们还将研究外部辅助（更奇异的类别）和创造过程之间的联系。

我不喝酒，我不抽烟，我不鬼混，但我他妈的能思考

以上这几句歌词摘自1980年代庞克乐队Minor Treat的作品，这些歌

词在创意音乐世界中为节欲运动奠定了基础——虽然如此，它还是被视为一种亚文化。那么，毒品和酒精在我们的访谈内容中占据什么地位呢？到目前为止，我们的解释主要集中在创造力的光明或积极的一面。我们从相关的现象着手，探究了创新的光明、活力、激情和快乐。但是，我们一定不要忘记创造力也有黑暗的一面。另外，我们也不应该忽视一个问题，那就是一个人能否借助外部辅助来激发自己的创造力，不管这种外部辅助采用什么形式。事实上，正是这种创造性突破让我们杜绝了有关创造力的过度积极、乐观的话语。当我们在写这本书开篇几页的时候，我们正好远在乡下，住在克里斯蒂安的家里。

我们面对面坐着，喝着大杯的咖啡，让自己保持清醒不至于睡着。当时已经是傍晚时分，我们正在考虑每个章节的标题。半小时后，我们拟好了每章的标题，就是你现在在目录中读到的内容。

突然，厨房的门开了，克里斯蒂安的父亲索尔出现在门口，问道："你们晚餐要不要来点葡萄酒，你们现在还要工作吗？"

就这样，我们当时丝毫没有讨论毒品和酒精与创造力的关系。我们知道在某些环境中它们之间是有关联的。所以，就在那时我们决定要在本书中增加一个章节，专门讨论外部辅助的重要性——这些辅助不仅仅指的是毒品和酒精，还有摆放在起居室的钢琴等。

毒品的缺席

也许是因为我们没有直接问及毒品或酒精对激发创造力的重要性，

或是不方便谈论这个话题，所以本书的贡献者无一人直接或自发地讨论这个问题。只有索伦·拉斯泰德一人觉得些许大麻能激励他去表现他想在音乐中表达的情绪。安德烈亚斯·戈尔德说道，以前他一边抽可卡因一边作画——但他后来就停止了这一行为。他觉得在吸食可卡因时所作的画并没有保留价值，于是就都烧掉了。这些作品质量太差了。

我们有充分的依据怀疑那些借助毒品进行创作的神话传说，他们饱受痛苦折磨，通过毒品来支撑自己，从而能够创造出独一无二的作品。佩妮莱·阿兰德（Pernille Aalund）是阿勒传媒公司业务开发部主任，她在丹麦以女性杂志编辑和电视主持人的身份而著称。她说，只有性和酒精能对她起作用。也许一些读者也认可这一点呢？乔根·莱斯和肯尼斯·伯格说他们很幸运，并不需要毒品，正如他俩描述的，“我自己就已经够疯狂的了。”但还是让我们到科学研究领域去快速浏览一下，看看毒品在创造过程中的重要性。

把自己的灵魂出卖给魔鬼

加利福尼亚大学戴维斯分校教授西蒙顿明确指出了创造力所带来的困境，创造力既有光明的一面，又有黑暗的一面。这是因为有记录证明，创造力和陋习之间存在某种关系。

西蒙顿毕生致力于撰写特别富有创造力的人物心理传记。他对这些人的个性特点和生活方式做了详细的评估，结果显示：相对于普通大众，他们常常会不同程度地承受着双相情感障碍、自杀念头、焦虑和精神分裂症，其中有一部分源自遗传。从这个意义上讲，具有高创造力成员的家庭也是心理问题的高发群体。正如西蒙顿所写的那样："即使我很喜欢梵高的绘画作品，可他的灵魂已经被毁了，我都不会诅咒我最大的敌人拥有这样被毁的灵魂。"

人们有必要把自己的灵魂出卖给魔鬼来换取独特的创造能力，这是在主要文学作品中反复出现的一个主题。这一点可以从浮士德的故事中反映出来，这是一个古老的德国传说，讲述了一个博学多才的人，尽管拥有很多的知识和很高的地位，但他还是感到厌倦。他和魔鬼（或歌德书中所指的魔鬼的代表，名叫靡菲斯特）做了一笔交易，魔鬼答应让浮士德拥有世间所有知识和快乐，但要求用他的灵魂作为交换条件。

最后，浮士德得到了宽恕，部分原因是格雷琴（一位被浮士德引诱的天真女孩）向上帝做了祈祷。这个故事表达的基本观点是一个人可以通过放弃自己的道德判断和正直感来获得更大的成就和满足感，但并非没有代价。而受难的艺术家的想法与这一主题有颇多相似之处。然而，我们不应当排除这种可能性，即在某种程度上失去控制力或违反常态可能会与激发创作冲动联系起来。

极具创造力的人常常会在反社会行为测试中获得高分。他们可能很自私、冷漠、傲慢、违反社会规则、容易冲动且咄咄逼人。他们的思想过于浮夸，几近疯狂。对待他人，他们可能会不屑一顾，习惯怀疑、严谨刻板、喜爱挑剔且性格内向。实际上，几乎没有人想要与这些人做邻居、朋友或伙伴。但从另一方面来讲，他们也可能会很聪明，极具自知之明，并且非常相信自己的能力。

西蒙顿解释说那些在自然科学领域特别富有创造力的人，很少能像艺术家那样受到外部因素的极大影响。产生这种差异的原因可能是，自然科学领域的研究人员（也许还有普通研究人员）会受到他们的研究领域对逻辑思维和“客观性”论证要求的限制。换句话说，被人们大加讨论的“十年法则”可以驾驭那些更为疯狂的想法。所谓“十年法则”，指的是一个人要在自己的领域花费至少十年时间当学徒，才能建立起最基本的知识体系，这是一个人能够识别现有知识中的两难处境、突破口、瑕疵和漏洞的前提条件。然而，那些疯狂的想法如同慢性疾病活跃于艺术家和其他那些更为情绪化、更为主观地凭直觉表达自己的群体中。

审查制度

我们在前面提到了特别富有创造力的个人，尽管表述有些负面而且也相当现实，但这些人当中有很多成功地捕捉到了时代精神，提供了新的但极为合适的创意。对此，或许我们可以这样解释：他们好像是从监管其思想和病症的人那里获得了帮助。

审查创造性人才表达创造力的方式需要一定的技巧，这样的技巧也可以用来培养人们把奇思异想转换为可用东西的能力。然而，毫不夸张地说，具有创造力的人常常处于现存事物的边缘。阿尔伯特·爱因斯坦的博士论文一开始就被苏黎世的瑞士联邦理工学院的同事们否定了。他是被当时的教育体制否定的，所以，他不得不去专利局做一份全职工作，以私人的名义发表自己的文章。换句话说，他的同事们基本上算是逼迫他去从事了一份全职工作，而且在很长一段时间内都被别人视为被社会遗弃的人，承受着过度创意所带来的苦果。虽然如此，爱因斯坦最终还是因自己的相对论而成功地获得了声誉。很显然，还有许多人有着非常疯狂的想法，但从未实现过——当然有充足的理由。

爱因斯坦也许想不到自己的理论会被用于生产原子能。正如日本福岛最近发生的核灾难事件所表明的那样，原子能本身有重大的隐患。换句话说，即刻就能产生积极效应的创造力也会存在负面的影响。

很有趣的是，当谈及毒品和创造力两者之间的关系时，我们得思考鸡是什么，蛋又是什么。是毒品和酒精培育了横向思维，还是被用于减轻横向思维的压力呢？可能这两种说法都是正确的。没有人希望过着一种被批评家甚至是狗仔队包围的生活，这就像是鱼缸中的标本那样。正如西蒙顿所描述的：“为了给世界带来有意义的作品，创造性天才必须把自己的灵魂出卖给魔鬼，或出卖给控制着他们的媒体。借助毒品或酒精变得疯狂可能是一种自我药疗的方式，这种方式让自己与世界保持了距离。”

如何远离毒品和酒精？

在这本书中，并非绝大多数访谈对象都深信可以把迷幻药物作为创造性过程中的辅助物。让我们回到对肯尼斯·伯格的访谈，听听他谈论在自己的职业生涯中如何远离毒品和酒精：

> 我确信，毒品和酒精对一些人来说会起作用，即作为一种激发创造力的动力。我认识一些制作音乐专辑的人，可以说他们完全处于麻痹状态。但是，我发现自己如果喝了两杯红葡萄酒，便会走到角落里安静地坐下。我去过一些余兴派对，现场放有大袋可卡因，人们直接走过去将头伸进口袋，然后就收拾走人。人们决定自己该过什么样的生活，但我从未感到有对毒品的渴望或需求。我要对自己的家庭和孩子负责，且只想推广音乐。

乔根·莱斯对此持相同观点："我不必四处寻找解释，因为我知道那些词汇都会蜂拥而来，而且根本不需要进行校正。如果脑海中有诗歌涌现，我会随身携带笔记本，它们就在那里。这是一种幸福愉悦感，但是我并不依赖于苯丙胺、酒精或毒品之类的东西。那对我没有什么好处，即便是哈希也是如此。我以前在创作一部诗集时服用过安非他命，但我现在不再这样做了。"

然而，乔根说他曾长期吸食哈希，但后来戒掉了，因为大麻开始让他产生幻觉和妄想。他还尝试服用安非他命来获得额外的能量，甚至还补充服用安定——而不是他建议人们尝试的鸡尾酒来促进睡眠，所以，他晚上仍能睡个安稳觉。但是，乔根并未让自己远离他在《海底黄金：不完美的人类2》(*Gold at the Bottom of the Sea:*

The Imperfect Human 2）一书中称为“表现增强剂”的东西，他对周围让人产生过度兴奋的禁药持怀疑态度，比如说在职业圈中。在精英层面，兴奋剂常常是由医生控制的。正如他写的那样，最主要的问题是表现增强剂的使用不受控制。我们的故事在这个层面上就有些让人困惑了，但我们从中可以吸取的教训是，增强表现的药物可能会加重创造力停滞懈怠的状况：有可能你已经足够疯狂了。

在压力之下

人们为什么要通过毒品和酒精来激发创造力？一种解释是因为有些创造性过程可能会对个人施加极大的压力。为了寻找突破口而焦急，担心无法写作而焦虑，或者当自己努力的成果最终到达市场又担心人们对作品的各种反响而感到不安，所有这些都是肯尼斯·伯格十分了解的。他说：

> 为了能制作出“畅销市场的音乐专辑”，我已经打拼多年，这样做就是为了我能够拥有属于自己的事业。1993年，我的事业达到了国际顶点，我被提名为百名世界最佳DJ之一；1994年又成为欧洲前25位最佳DJ之一；到1997年，我的事业达到了顶峰。之后，我感觉一直在重复自己，所以休假一年，重新思考自己的未来。我作为DJ在大厅休息间工作了几年，在那里，我

> 能看到公众的反应，因为他们都坐在那里，而没跳舞。我尝试了如何在不同的音乐流派之间快速转换，了解公众能够在多大程度上理解不同音乐。2006年，我发行了首张专辑。无论是过去还是现在，我都不那么狂热地追求能被公众认可。1990年代初期，人们总是能够一眼认出我来，但我其实不想让他们这样做。我更愿意他们知道我的音乐而不是我本人。当然，我也知道，有人去做我做的事情，实际上是在间接寻求被公众认可。所以，最好成为监制人，不那么显眼。“当经理比当足球运动员更好”，这句话是我多年来的座右铭。在我不显眼的时候，已经参与过丹麦在海外大获全胜的各类不同节目，比如说丹麦的Cartoons舞曲团体六人组合，丹麦美女电声乐队，以及最近很火的水叮当乐队。

肯尼斯说，他在职业生涯中经历过相当大的阻力。但值得感激的是，他没有被阻力压垮，也没有被迫去尝试那些需要付出高昂代价的生命体验。实际上，这种阻力反而有助于激励他前行。他解释道：“我在德国参加一个为法国雷诺公司做宣传广告的会议。我见到了一位来自美国洛杉矶的歌手阿洛伊·布莱克（Aloe Blacc），据说他是一位像史提夫·汪达（Stevie Wonder）一样的音乐天才。从我们开始访谈的时间算起，他已经售出了200多万张唱片。在丹麦，所有的评论员都很挑剔，所以，看起来你需要用铠甲来打造自己，而德国人则会说：‘嘿，真酷！’”

当创造力遇阻

许多人不会设法去成为先锋或让自己与众不同，这不足为奇。肯尼斯解释说，还在学校时，他就找到了自己的铠甲：

在四年级的时候，我每天回家都要穿过那片森林。当时有三个男孩盯上了我。有三四个月，每天放学他们都会暴打我一顿。我当时想：他们只会打人，而我才是最酷的人——最后，他们也打烦了。从那时起，我的内心便建立起了某种东西。他们喜欢运动和可可饮料，而我喜欢跳迪斯科。虽然他们把痰吐到我脸上，用脚踢我的胯部，用拳头威胁我，但你从中学到很多东西。之后，我开始去奥尔堡、奥尔胡斯和哥本哈根这样的城市，那里也有许多人闲逛，穿着滑稽可笑的衣服，所以我并不孤单。

这是一种乐观进取的精神。而且，肯尼斯尽量让自己多经历一些事情。他在日德兰半岛建立了声誉，在哥本哈根，好几位经纪人与他取得了联系：

我想在当时丹麦最时尚的迪斯科舞厅Daddy's工作。我的经纪人和Daddy's的老板就我能否取得成功并走在最前沿打了个赌。那位老板说："肯尼斯的谈话方式像是从乡村来的。"但我正好在开场的那天晚上处理得当，得到了一份稳定的工作。在

> 那之后，我又去了派对胜地伊比沙岛，先后在几家最大的俱乐部工作，现在该岛已成为世界上最大的俱乐部市场。我还在欧洲各地演出，所以回到哥本哈根我可以要求更高的工资，因为我在海外已经为自己赢得了声誉。

铠甲、乐观进取的精神、活力、任性以及有一点儿农村人的倔强——更确切地说，可能是所有这些元素的结合，能够确保一切都不会以表现焦虑而告终，一个人不会感到需要将自己的头伸入装满可卡因的袋子，而在创造性努力中不可避免地遭遇阻力时，一个人还能有建设性的想法。甚至连肯尼斯都说，他的力量在于他能在几分钟内读懂舞池：

> 我一直是在现场工作的人，实际上却围绕着商业线路在思考，但我还是喜欢挑战，培养自己的原创能力。所以，我常常混搭各种DJ表演方式，从而使得它们具有娱乐性，同时还有教育意义。这是DJ最崇高的职责。对于将要发生的事情，我常常具有预见性。我善于寻觅不易发现的东西或艺术家，例如，我是丹麦第一位在P3广播电台播放音乐家詹姆斯·布雷克（James Blake）作品的人，比其他电台播放他的作品早一年之久。我的直觉告诉我，他是一个独一无二的天才，但是我身边的人对此没有什么反应。总会遭遇阻力的，特别是当你在寻求原创时。今天，我已经学会忍受这一点。我创造性地利用阻力，将其作为燃料，让创意的火焰更旺。

每个人都可能学会让自己更富有创造性，但是，或许有一些特征是最具创造力的人所共有的。在本书中，我们访谈的对象似乎都具备这样一些特点：体力充沛，喜玩乐又能自律，既有深刻的洞察力又适度保持天真烂漫。这些人在创作过程中积累了丰富的经验，常常对新的刺激物采取开放的态度。他们不会像其他人那样在很大程度上过滤掉外部刺激物，而且他们常常能从新的角度来看待熟悉的事物或事件。一方面，我们也看到了许多潜在的心理问题，另一方面，也看到了增强的创造力，我们发现这两者之间还存在着一种有趣的联系。

在本章，我们出于好奇认真思考了毒品、酒精与创造力之间存在的联系。幸运的是，我们可以宣告：我们的访谈结果并未显示服用毒品来激发创造力是聪明的做法。也许这是因为个人的判断会受到不良事物的影响，或者也可能是因为毒品实际上被用作一种自我药疗，它本身与创作过程没有任何关系。

我们的访谈对象唯一不完全排斥的是酒精。正如我们在对业务开发部主任佩妮莱·阿兰德进行访谈时看到的那样，创造力是需要很大代价的。这就使得一个人有必要偶尔放松一下。对她来说，性和酒精代表着她放弃控制的两种方式。

我们将离开这个话题，在下一部分来看看创造力和商业之间的关系。我们还将考虑创造力、性高潮和法国精神分析三者之间的类比关系。

第八章

CHAPTER 8

最富创新精神的律师

在管理界，人们越来越喜欢讨论变革管理和重塑管理的重要性。然而，在2007年出版的《创新领导力》一书中，作者杰勒德·普奇奥、玛丽·曼斯和玛丽·默多克认为这些术语将很快被“创新领导力”所取代。为什么呢？他们认为在一个需要变革和新思想的时代，就我们如何生存、如何确保经济增长、如何可持续生产这三点而言，至关重要的是管理者要在其中起到带头作用。

因此，在本章中，我们会着重分析此类例子：如何在一个企业、机构或者组织中提升创造力文化？如何使那些自认为没有创造力的人变得真正富有创造力？

我们决定从法律实践中的例子谈起。这个案例阐明了如何把创造力和商业结合在一起考虑，同时还说明了没有必要仅仅因为发现自己没有处在所谓的“创意产业”中，就认为自己没有创造力。在本章末，我们将谈到克里斯蒂安旗下的莱德臣公司（Lactosan）。该公司的管理层决心要提倡创新精神，尽管他们过去这样做的时间并不长。

但是，让我们先简单地回顾一下普奇奥、曼斯、默多克提出的几个要素，他们认为这些要素在创意经济中对企业和管理者至关重要：

（1）理解创造力在当今复杂的工作场所中的重要性；

（2）提高员工发掘新机会和运用想象力的能力，并确保在企业内部没有影响他们发挥这些能力的阻碍；

（3）在创新思维的能力和对实际可能性的缜密思考之间保持平衡；

（4）诊断复杂的问题并能有效应对任何突发事件；

（5）制定一个具有前瞻性的策略，使其可以应对最紧迫的挑战；

（6）要有独创性的想法，并能随即将这些想法转换为有效的创意和特定的产品；

（7）通过拆除障碍来克服阻力，并确保在此过程中能获得相应的支持；

（8）要明白人的创造力表现在不同的方面，人各有所长，这意味着利用他人的创造力是非常重要的；

（9）营造一个有利于创新的氛围，使员工能乐在其中，并让他们感觉到能够放心大胆地表达新想法、提出批评意见。

就变革管理而言，创造力是必不可少的。那为什么我们经常会因为墨守成规而限制创造力呢？关于这个话题，有些文章更加发人深省，其中有一篇发表在《哈佛商业评论》上，作者是特雷萨·阿玛贝尔，题为“为什么创造力未得到提升反遭扼杀？”阿玛贝尔在回答这一提问时表示，实际上很少有企业管理人员和业主希望在其公司提升创造力。他们往往把创造力和麻烦事联系在一起，而不是和价值创造联系在一起。阿玛贝尔认为这是一个非常严重的问题，会导致巨大的资源浪费。因此，我们应该允许员工开辟新路径，并激励他们参与企业的发展进程和思维的创新。

毫无疑问，创造力和商业活动能够携手并进，但正如本章所指出的，我们要做的不仅仅只是说服员工和管理层相信其重要性。这是因为我们把创造力与头上戴的花儿和信手涂鸦联系在一起，而没有把它与商业的策略、前景、新产品以及财务状况联系起来，还是因为我们在谈论创造力和创新时越来越多地把它与令人不愉快的变化联系在一起呢？当我们谈论工作中的创造力时，让我们试着更准确地说明我们究竟在指什么。

工作中的创造力究竟指什么？

伊利诺伊大学的创造力研究员雷格·奥尔德汉姆（Greg Oldham）和安妮·坎宁（Anne Cunning）在1996年发表的一篇文章中把“创造力”定义为：员工所做的一些涉及开发专利、提出建议或是被普遍认为具有创造性的工作。换句话说，在工作中，日常的创造力和更为激进的创造力之间存在着连续性，后者能带来专利和划时代的新产品。原则上讲，不论哪种创造力都具有同等的价值，因为我们很难预测周一早上脑海里无意中冒出的一个想法，是否到最后就促成了专利产品的开发。

这两位研究员进一步强调，能够基于共情和对积极性反馈加以利用的支持型领导能够激发创造力，而控制、监控、迫使员工以既定的方式思考则会限制创造力。

无论是我们给自己施压以求更富有创造力，还是管理人员给员工施加不必要的压力，这两种做法都行不通。因此，这两位研究员提出，那些有机会提供创新想法和开发新产品的人，一旦他们能够发挥主动性、处理复杂的任务并通过工作拓展自己，他们就会做到最好。而且他们还认为，所有的这些活动都能够增强个人的积极性，使他们全身心投入新的、不可预测的任务中。有机会承担责任其本身就是有意义的。根据这两位研究者的说法，那些富有创造力的人往往兴趣广泛，常常被复杂的事物所吸引；他们拥有运用直觉的能力，对美具有一定的敏感度；能够忍受不确定性，而且相当自信。如果我们认真看待这些研究者的调查结果，当员工对待企业的有意变革缺乏主人翁的角色感时，那么，为变革所做的努力与创造力则没有一点关系。

不过，现在先让我们来深入分析收集的案例——关于一些富有创造力的律师们。

律师能有创造力吗？

谈到创造力时，大多数人不会立即把它和律师联系在一起，然而这个案例却说明，创造力并不专属于那些自认为具有创造力的人。相反，具备创造力是企业或组织内部发生变革的先决条件。这里要讲述的故事就是关于传统企业如何能够运用创造力，而创新过程如何才能在商业环境中得以完成，因为商业环境通常并不被认为是特别富有创造性的。然而，我们也将了解到，如果有意想以新的有意义的方式来改变工作过程，那就可能遭遇阻力。

8月的一天，天气十分炎热，我们拜访了LETT律师事务所。该事务所有350多名员工，在哥本哈根和丹麦的两个较大城镇分别设有分公司，设在哥本哈根的办公室位于市政厅广场。我们约了业务发展部经理迈克尔·瓦伦丁（Michael Valentin）和贸易组织部经理奥伊文·法格斯特兰德（Øyvind Fagerstrand）在他们的办公地点见面。

当我们走进LETT律师事务所大楼时，完全没意识到我们将要见到的是丹麦最富有创新精神的律师们。

尽管大楼内部的陈设都呈灰色调，但看起来还是挺漂亮的，咖啡的味道也特别香醇。迈克尔·瓦伦丁一直是法律业务转型的中心人物，他试图把法律业务转变成一种咨询服务，更加注重销售以及对顾客商务诉求的现场服务。用迈克尔的话说，中心问题就是要成为先行者。这就意味着，他们要抵制传统的职业文化，一方面要打破在销售和营销规则之间的壁垒；另一方面，还要打破销售和“纯粹”的法律工作之间的壁垒，后者正是公司的传统的业务范围。

由此可见，这个访谈向我们展现了如何去做：当创造过程涉及拓展业务本身，而不仅仅是在已有的业务内容里加一些讨人喜欢的东西（比如台球桌、软枕头或者陶艺俱乐部等），那么要怎样做才能起到带头作用呢？

2010年，LETT律师事务所被丹麦律师事务所协会评为丹麦最具创新精神的法律服务供应者。凭借“以个性化销售为目标的公司品牌推广”项目，该公司赢得了这一荣誉并获得了125 000丹麦克朗的奖金。

该事务所为所有的合作伙伴提供了以销售为主题的个别辅导。该项目是自愿性的，最初是从每个法律部门找出一个愿意参加的合作伙伴。当时的考虑是：如果这个人体验之后觉得很好，他就会作为使者把信息传递给其他合作伙伴。

由此可见，这个故事讲述了在法律行业如何通过销售来实现成长，成长的途径就是系统地培训律师，让他们考虑客户的需求并主动将法律服务的市场纳入考虑范围。

敢于创新的勇气

访谈一开始，迈克尔就表示，律师通常不会觉得自己和创造力有什么关系，在他们看来创造力就是蓄长发、穿拖鞋等。虽然如此，他还是说：

> 十年后，律师事务所将有必要呈现出完全不同的面貌，对法律问题的关注会减少，而对解决办法的关注会增多。那就是为什么我们要努力变得富有创造力，从法官的神坛上走下来，这对于我们来说十分诱人，而且非常有必要。可以肯定地说，我的优势在于我不把自己看作一名律师。我只是运用了自己曾作为律师事务所的客户的经验。你可以把它称作是用户主导的创新。

他接着说，“至少，我能发现做事可以有不同的方式。”他坚信，如果律师事务所将来不希望他们的客户选择竞争对手，那么他们就需要外展，为客户提供超出安全范围（即传统的业务范围）的服务。“我充分利用自己作为客户的经验，重要的是解决问题。”

这项工作表面上看起来很容易，但做起来却很艰难。如果从一开始就以团队合作为基础的话，那么我们将一事无成。因此我不得不先迈出第一步，并逐步向律师们展示，采用不同的工作方式可以使我们的工作更有成效。当这个过程逐步见到成效的时候，律师们也开始相信可以投入下一阶段的工作。

创造力不会总是在企业内部产生，有时候还需要从新的视角看待工作，而这些新视角往往是由不同的渠道提供的。在这个案例中，该视角是从客户的角度出发。正如迈克尔所强调的，主要问题是客户想要解决方案，然而律师们却只专注于法律问题本身。同时他也强调，在初始阶段团队合作的效率并不高：想必是因为律师们对自己的业务太熟练了，所以他们总能找到充足的理由来否定新的创意。因此，在创新过程中展示早期成果是很有必要的。每个人都想让新的改变具有吸引力，但在律师事务所，吸引力就在于你能否带来生意。

律师过多会毁了工作

谈及创造过程，有趣的是团队合作并不总是推动力。在碰到棘手的情况时，团队合作可能会保证大家齐心协力并从不同的角度思考问题。但是，当改变的需求不是特别明显时，团队合作也会阻碍进步，在创新的阶段成为绊脚石。

在创造过程中，我们尝试了自上而下和自下而上两种方式。我们的许多合作伙伴都有不少想法。但有时候，我们仅需要暂停一些项目，然后说："好吧！现在让我们继续。"但这一切都是为了能够开始展示结果，这时候他们才了解我们到底在做什么。比如说数据——首先你需要给他们展示数据。我们还利用媒体报道和广告宣传中成功的自我传播，来增强大家内心的自豪感。这时，律师们突然看见自己上了电视，于是惊呼："瞧！那是我们。"我希望他们的眼界更加开阔。这些律师就如同单一栽培的作物。正如俗语说的那样，他们彼此成了家人、和自己的工作结了婚。

这样做的目的是为了让律师们相信销售很有趣，而且只需展示成果。迈克尔说，"你不应该从项目计划开始，而应首先展示成果。"他还指出，这对于性格不那么外向的律师来说尤其重要，他们需要看见自己因成功的案例在媒体露面并了解客户的反馈，从媒体和客户的肯定回应中，他们可以获得自信。久而久之，他们所做的工作都会得到非常积极的响应。迈克尔接着说：

> 起初，这项工作就是搞清楚我们的价值观，对我们的价值观提出一些假设。为此，我和管理人员坐下来，经历了这样的过程：我们一同工作，慢慢缩小范围，明确界定了我们的价值观。这个过程虽然不是那么的正式，但依然很专业。尽管如此，

> 当我们在谈论价值观的时候，许多人仍然目光呆滞，不知所云。他们需要先看一些东西，比如说我们的宣传册。对于他们来说，这些东西必须是具体实在的。所以，问题的关键在于，一开始就要展示出我们取得的一些好成绩，给他们指明方向，然后尽快展示更多的新成果。

迈克尔想让所里的律师们都支持这样一种观点，即他们是在向顾客销售一种产品。于是，他实施了一个信息培训方案，遵循以下原则：在和顾客互动时，律师要能清楚地讲解与工作相关的精彩案例。对于那些受过专门训练、习惯于钻研复杂问题的律师，还有那些擅长于职业化、内向化工作方式的律师，这种与人沟通的工作未必那么容易。

尽管我们这里讨论的不是激进的创造力，但我们清楚地看到，迈克尔的想法对于律师们来说仍是新鲜事物。但如果没有令人信服的理由，律师们是不会愿意接受这种新思想的。他们首先需要的是具体的成果和反馈。

迈克尔解释说，他们也开始评估公司在业内的知名度。当知名度提高时，律师们就能发现，这种正在考虑中的新想法也许并没有那么疯狂。正如我们在本书开篇强调的，创造力并不只是抛出一些疯狂的想法，还关乎在特定的社会实践中实现新的想法。迈克尔并不认为只要拿出项目计划书就能开始创造过程，相反，只有成果展示才会起到激励和鼓舞的作用——至少在律师事务所是如此。

途中的阻碍

创造过程是个复杂的过程，迈克尔承认，他没有预见到有些律师们需要付出多大的努力才能把握其复杂性。他说：

> 但就我而言，问题在于我们是否对实际拥有的价值观感到自豪。我们的一些客户之所以选择我们是因为我们的工作方式与众不同。我们不拘礼节，会直接和客户进行互动，所以有更多的乐趣。我们一直是这么做事的。唯一真正有新意的是我们开始意识到这一点，并且把它作为竞争力的一种参照。

创造过程能够阐明已经存在的东西，也能够使现有的技能和价值观更加凸显出来——包括情绪和不拘礼节的工作方式。其目的也是向人们展示，改变未必都是极端的，反而会是对现有价值观的说明。与此同时，想让一个人脱胎换骨并不容易。因此，要是一开始就想把律师们变为纯粹的推销员，这个目标是不切实际的。

然而迈克尔也强调，这项工作一直具有挑战性，因为信息培训过程以及不可预料的活动会带来这样的信号：那些外出取食物的人比那些准备好食物的人更重要。有一点已经很清楚：在应对客户时使用的社交能力和创造技巧可以让一切与众不同。那些在法律上很专业但又缺乏社交能力的律师，在工作中会更加艰难；反之，只有那些对营销课程感兴趣的律师实际参加了课程培训——他们希望自己以后会成为文化的传递者。因此，平衡的方法是：在吸纳那些想往销售方向发展的律师的同时，确保那些宁愿坐在办公室里而不愿出去见客户的律师们也有一席之地。或者，正如迈克尔指出的那样："在企业里，要让'猎人'和'农夫'相互理解。"

创造过程中的领导力

在访谈过程中，迈克尔对他的合作伙伴和他自己的角色都表现出了敏锐的意识。他说："我们真的不擅长庆祝自己的成功。有时我感觉自己筋疲力尽，已经到了崩溃的边缘。"迈克尔解释说，有时基本上只有他一个人相信这个过程，他本可以寻求一些支持的。要切实传播创造性文化，支持者能起到至关重要的作用。他说：

> 我想让我的合作伙伴成为文化的传递者，让他们明白他们自己就是领导者，是定基调的人，他们的行为会使我们的目标更明确。这并不是他们曾经认为多么重要的东西。其实这就是一个把业务娴熟的律师变为管理者的问题。

所以，这个过程本身就使迈克尔和他的合作伙伴们都产生了一种领导者意识。他强调说，如果再来一次，他会争取让更多的人参与进来，让他们都有领导意识。但是，他仍然坚信，关键还是要进行成果展示，并保证管理工作在很大程度上是自上而下的。不管怎样，迈克尔从中学习到，他需要确保那些参与者能够获得一种对创意有共同享有的意识。迈克尔表示：

> 我们不认为自己富有创造力，在我看来，我们也不需要多么富有创造力。我们是受市场驱动而采用新思路的商人。

迈克尔·瓦伦丁确信自己是一位运用创造性资源来达成目标的商人。他已经明白创造力在当今复杂的工作环境中的重要性，并发现了一个复杂的问题（律师们对客户的关注太少了）。他还设法采取有效的方式来应对未来的需求。他制定了一个有远见的策略，考虑到了在工作实践中可能发生的一切，并且在员工参与决策制定的方式和时间方面做出了重要的选择。“到2020年，律师事务所将变得与今天的事务所截然不同。那时将会有更多的顾客，更少的客户；多关注解决问题的办法，少关注法律本身。”我们从LETT和迈克尔·瓦伦丁那里学到了领导者需要在创造性工作中起到带头作用。也许，甚至还有一定程度上的“伪装好自己直至成功”在起作用。

以上这句话的意思是说：一开始你就要表现得像一个富有创造力的人，尤其是在你希望创建一个更富有创造力和创新精神的企业和组织时。接下来，我们来看莱德臣公司。该公司是克里斯蒂安通过Tornico A/S公司收购的，专门从事奶酪生产。

伪装好自己直至成功

克里斯蒂安说：

莱德臣的核心业务是开发、生产，并在全球范围内销售大约150种不同的奶酪产品。就像我经常说的那样，你吃的芝士酥、其他零食、含奶酪的面包或者预制的含奶酪餐点等，很可能就是用我们的奶酪制作的产品。这在全世界都是常有的事情。需要说明的是，真正加工过的奶酪不应和人造替代品混为一谈。为了保持我们的产品贴近顾客的需求，也为了了解食品行业中口味偏好和食品种类的发展变化，我们设立了一个由英厄·汉森领导的研究与开发中心。

克里斯蒂安继续说道：

我们一直拥有过硬的传统工艺，但是大约在五年前，在首席执行官约恩·弗兰森（Jørn Frandsen）的领导下，我们决定把创造力和创新精神等相关事项提上日程。我想说的是，这是我们主动选择的，而不是被动接受的。我认为，不管竞争多么激烈，创造力一直是我们在危机时期还保持成长并促进自身发展的决定性因素。

产品开发经理英厄·汉森向我们讲述了更多的细节：

五年前，我们做出了战略性决策，那就是在莱德臣进行真正意义上的创新。换句话说，创新从先前的不受控制、被忽略的任务变成了一项可控的、被优先考虑的工作，它有别于我们日常工作中应用技术的任务。

我们之所以做出这个决定，是因为莱德臣公司过去一直是一家不错的具有地方工艺特色的公司，对自己的业务很熟悉，但是我们想拓展业务，把公司发展成为一个国际化的专业公司，让它可以提供符合我们的客户所推崇的价值观，与他们自身的价值链相适应。除此之外，我们觉得这一目标可以通过有针对性的创新来实现。

作为一个资源有限的小公司，我们充分意识到，以研究为导向的经营会非常困难，因为我们知道我们的产品的所有外在价值，比如说原味，但对产品的内在价值却知之甚少。在这里，内在价值是指各种各样的功能性特征（包括味道），这些特征是必需的，可以为未来提供良好的基础。

因此，我们决定把研发工作外包给别人。我们最终选择了LIFE（KVL）的乳品研究部作为合作伙伴，该研究机构是哥本哈根大学的下属部门。之所以选择它是因为我们认为该研究机构是乳品领域的领先者。幸运的是，该机构也有极大的兴趣与莱德臣公司进行合作。所以我们当时就决定雇用一名乳品工程师担任生产部经理并兼任莱德臣和KVL之间的协调人。

一旦决定进行研发和创新，就要开始下一步工作：这个项目应该包括哪些内容？在这个阶段（我们往往会给这个时期打上头脑风暴的印记），我们尝试着以个人的设想为出发点，即我们个人认为未来会是什么样的，最初的想法就是创建一个与功能特征直接相关的项目，比如乳化能力。在这个时期，我们广泛听取意见，与各种各样的人进行交流，以获取信息、了解发展趋势。

因为我们和一个大客户的调香师见了一面，我们的提香剂项目最后成了莱德臣首个大型创新项目。当我们使用由熟奶酪制成的干酪粉时，我们注意到干酪粉有提香的特性。但是在参观莱德臣公司时，这位调香师说，他不明白我们为何在干酪粉中使用味精和酵母提取物之类的提香剂。他认为我们的熟奶酪是一种更为高效的提香剂。这个观点刺激了我们，让我们转而去做进一步探究，暂时忘却了有关乳化作用的项目。因为与此同时，人们都在谈论天然成分、低盐以及不再使用人工配料。

当时，LIFE（KVL）有一个与此同时进行的研究项目。该项目旨在鉴别切达奶酪中的香味。因此我们发现了乳品研究部的合作伙伴恰好也有和我们同样的兴趣，他们还具备开发创新项目的相关技能。因此，这个项目变成了“奶酪香味和香味增强特性鉴别研究”。该项目于2008年立项，2011年结题。

我们大家都从中学到了很多，尤其是因为我们每天都在运用有关奶酪风味和增香方面的知识。同时，我们以此为基础建立了共同的语言。最终的结果比我们当初想象的要好得多，涉及的面也更广。

然而，我们也遇到了一个问题。由于我们的项目经理休产假，我们该怎样接手这些资源呢？我们商讨后决定从LIFE雇用一些研究人员在莱德臣公司做一段时期的兼职。由于研究人员突然成为了公司日常运营的一部分，他们的融入把技术环境和研究环境连接在了一起，其结果真是妙极了。

整个组织内部的合作关系得到了加强，在我们的组织内部，研究和创新开始紧密联系起来，并得到了大家的理解，这一切对研究人员和莱德臣的员工都产生了很大的影响。就员工来说，这样做提升了我们的技能——我们在将来还会运用这种模式。随后，有关我们这个项目的许多科学研究论文相继发表。我们也亮相于各类杂志和相关网站。

顾客对我们的项目深感兴奋。我们也经常注意到，当我们走出去和顾客谈论自己的产品时，我们总会赢得更多的尊重。因为我们现在并不只是纸上谈兵，我们能够科学地证明我们能做什么，而且带来的改变也是巨大的——尤其是时常陪我们接待来访客户的研究人员也给予了支持！这就使得我们创新制定的解决方案为客户所信任，这一点太重要了。

小结

不管是律师们还是奶酪生产商，都能够在商业模式中寻求创造性和创新性的发展途径，我们可以将之概括为以下几个关键要素：

- 一个组织能够自主决定变得富有创造力和创新精神，但是这需要有人来起带头作用。

- 只要有制定新议程的勇气，甚至那些通常不会标榜自己有创造力的组织也可以变得富有创造力。
- 第一次发挥创造力和创新精神的经历决定着是否有一个良好的开端。一旦核心员工和客户在此过程中看到这一点，继续努力创新会相对容易些。
- 核心技能和工艺可以是你发挥创造力的出发点。
- 打破员工之间、整个组织内部以及与客户有关的各种障碍似乎是创造力的一个核心要素。在全书中我们都会不断地地谈到这一点。

第九章

CHAPTER 9

你有自己的创意“作战室”吗？

到目前为止，我们这本书中的女性观点太少了。除了那些我们经常引用的女性研究者之外，我们的其他贡献者都是男性，这也许是因为男士有时表达观点的声音最响亮。现在，我们就来平衡一下这种状况。我们要见的是一位集讲师、作家及电视台主持人三种身份于一身的人——佩妮莱·阿兰德女士。她是访谈节目《男人禁止访问》（*Men No Access*）的创始人，被阿勒公司收购的门户网站Oestrogen.dk的创建者，以及丹麦《Q杂志》的创办者。在阿勒公司旗下做了四年多家杂志的首席执行官后，佩妮莱晋升为该传媒公司业务开发部主任。换句话说，我们是在与一位非常酷的女士进行交谈。她虽未受过任何正规的新闻教育，但是在媒体界已拥有了令人敬佩的职业生涯。从这种意义上讲，她跟我们的其他贡献者类似，在通往成功的路上，他们中的许多人或中途辍学，或经历了曲折的教育历程。

在一次访谈中，佩妮莱表现出色。在讲到自己的创造过程时，她语速很快，说话精准。最为突出的是她总能寻找到进行创造性工作的空间，并且能到达无人曾及的领域。按照佩妮莱的观点，这些创造性空间并不一定隐藏在阿勒公司总部的大玻璃隔板后面。她说，公司总部是召开会议和从事日常编辑工作的理想场所，但要从事创造性工作，此地并不理想。为此，佩妮莱更喜欢大一些的空间。在那里，她可以贴上便笺和海报，把几米长的纸张平铺在地板上。她更喜欢无须刻意整理的空间，在那里一个人可以混乱无序地生活，直至找到最终的解决方案：这就是创意！

对佩妮莱的访谈，地点就选在哥本哈根的达格H咖啡馆，咖啡馆正对达格·马舍尔德路。那天，阳光灿烂，公共汽车、救护车和咖啡馆顾客的嘈杂声混杂在佩妮莱的声音中。这段音频文件在后来的写作阶段已然成为我们自己的一种外部记忆。就佩妮莱做事的风格而言，她不会让任何机会溜走，在接受访谈时，她竟然也在思考未来的咖啡馆将如何设计。也许人们不再想要坐在充满噪音的环境中，也许咖啡馆会转而朝向庭院，也许我们想要吃到的完全是其他类别的食物，也许人们需要宁静和清新的空气。这想法真有些刺耳——我们此刻就坐在尘土中，周围充斥着街道上交通车辆的噪声。有创造力的人总是忍不住要去改变局面。见到蒸汽和烟雾笼罩的咖啡馆，他们便会想：与其相反的环境会是怎样的呢?

在过去的四年中，佩妮莱一直是阿勒公司杂志的首席执行官，她凭借自己的能力，努力让杂志运营得更好，确保其工作、设计和制作都能以新的方式来进行。她说2010年10月的账面显示业绩极好。现在公司又委任她去寻找新的商业领域，她已行动起来并充分运用了自己的创造力：

> 我一直认为自己是具有创造力的人。我沉浸在时代思潮中。此刻，我们正在何种浪潮中冲浪呢？在艺术和女人中，我们需要多少同伴呢？全职浪人俱乐部（Swingers）现已在哥本哈根之外发展兴旺起来。也许我们又一次走在了遵从延续一夫一妻制和永恒情人的路上。我们先要得到认可，然后订婚，最后结婚——我们要小心提防自己，也许因为我们正在步入一个更强调精神的状态。我们还未见证性别化的高峰，因而还未完全经历对它的抵制反应。我们有与群体聚集在一起的需求：自我意识现已不在。我把这些流行趋势转化为各种各样的事物。这就是我在做的事情。接下来一段时期，我要做的不是发现新的生产形式，而是回归到这些观点，把它们转化为现实——即通过媒体能想象到的一切事物。

人类学家蒂姆·英戈尔德已经描述过创造力与建立新世界无关，尽管这种观点有悖于常人的说法。创造力的关键在于有能力记录下周围的事物并在此范围内变通，继而用新的方式观察周围的事物。这就是佩妮莱早先描述的那个过程。她在自己所处的环境中察觉到了各种趋势，并在完成自身任务的过程中把它们转化为无数的行事方式。

佩妮莱觉得合理化也属于创意过程，在她担任杂志社首席执行官期间，涉及合理化的工作占很大一部分。例如：她会提出质疑，如果在拉脱维亚首都里加就可以做的设计，为什么还非要以哥本哈根为基地呢？我们需要从根本上改变工作方式，打破我们身边的所有条条框框。好的创意来源于何处并没有什么规则。不难想象，佩妮莱可能对她身边的环境有龙卷风般的影响力。如果新事物即将出现，何必要对创新的欲望设限呢。

不同之处与未发现之处

常常有人说，具有创意的人往往能够发现他人未及的领域。他们在荒地上播种，对无意中发现的事物进行加工，对接受的各种思想进行综合处理，并能在别人发现其中的奥妙时以高价出售。一个人开垦荒地经验越丰富，就越有机会进行创造性活动。佩妮莱解释说她很喜欢涉足他人未及的领域：

> 我喜欢探索无人知晓的奇特的地方，无人拜访的城镇，无人看过的电影或无人读过的书——简单地说，就是未被探索过的领域。最糟糕的事情莫过于有人对我说有许多人都喜欢某种事物。当然，意识到其他人也喜欢我的创新发现，这也很让人开心。尽管这是正确看待事物的方法，但我还是宁可到没有人真正去过的地方。

佩妮莱以低价获取信息，但一点不反对以高价卖出。尽管这似乎像是一个孤独的过程，尽管当她强烈需要创意思考时，总会偏爱于退缩到她自己的空间，但她并不是孤单一人。佩妮莱说，她受到每个人、每件事的启发，诸如她的平面设计师和插图画家，那些商店和餐馆，从餐巾的折叠方式到与陌生人的对话。而与不认识的人对话是她尤为珍视的，因为这意味着她不必让自己付出太多。在本次访谈过程中，她就列举了一个现成的例子：

> 几星期前，我坐在威尼斯的一个靠人行道的餐馆中。一位中国女孩就坐在邻桌，我转身问她在喝什么。大部分人在别人提问时都很乐于交谈。我还问她为什么将旅游目的地首选在威尼斯，又是什么吸引了中国人来丹麦、来哥本哈根。有趣的是，几天后在哥本哈根市中心的圆塔旁，我几乎直接从那次谈话跳转到一个有关商业发展的研讨会。这是商业界领袖的研讨会，旨在讨论如何扩大并发展北日德兰岛的一家小型啤酒厂。我只说了一句："我们得去中国！"我能想象到丹麦会有这一小段文化历史，那就是啤酒在中国市场大获成功。就这样，我在威尼斯与那女孩的谈话最终与北日德兰岛的啤酒厂联系到一起了。

创造能力有一个重要特征，那就是创造过程本身常常包括将两个全然不同且至今毫不相干的领域综合联系起来。事实上，如果一个人穿梭于不同领域和不同事件，这对整个过程想必是有益的。佩妮莱的例子说明她就是这样一个边界跨越者。她认为当她成功地把洞察到的事物联系并结合起来，就像在前一个例子中那样，那种类似于性快感和坠入爱河的感觉就会出现：

所有这些生活小片段翩翩而至并以不同速度着陆。只要把一个片段放置于合适的位置——就有了近乎于性高潮的兴奋感，就像威尼斯和圆塔的邂逅。大多数事情就是那样来找到我的，我被这种境遇的力量深深地吸引。

佩妮莱喜欢不期而遇的巧合。她偶尔会行走在各种事物的边缘，成为孤独的漫游者，意欲寻求新的视角。佩妮莱毫不掩饰地告诉我们，有时候在寻找新事物时，她会变得急躁、咄咄逼人、易怒，让周围的人感到害怕。尽管如此，她真的需要有人围绕在她身边，周围有个框架能让工作开展起来。Oestrogen.dk的故事就是这样一个例子。

原本不存在的事物

佩妮莱最先发现互联网给女性杂志这类事物提供了许多机会。2000年，她成为Oestrogen.dk网站的主要发起人，该网站主要针对女性读者并探讨有关女性的话题。这个网站的建立源于佩妮莱的构想——互联网上的一棵橡树。她说：

我把这棵橡树的构想勾勒出来，并在丹麦《政治报》总部把我的想法告诉了他们。就这样，尽管我对互联网一无所知，但这个项目成为了现实。不过，在此之前我一直跟两个人保持着外围联系，他们向我提供了帮助。一位是来自日德兰岛Bestseller服装公司的珍妮女士，她答应我开一次讲座。那天来听讲座的人挺多，所以她又安排在第二天晚上再讲一场。她总是一次应对二十件事，每件事都围绕着她进行，因此，我在笔记本上记下了她的名字。另一位帮助我的人是我朋友在火车上遇到的一位男士，他的名字叫简·霍尔斯特（Jan Holst）。他之前在哥本哈根一家最早成立的企业内部网工作，负责连接电缆。他对互联网非常着迷并获得了从事互联网工作的必备知识。就这样，我接纳了简和珍妮，他们都有自己的技能专长，并成了主力。这一切说来真是奇妙！一旦你抓住了突然出现的机会，便会梦想成真。可能是因为你能从别人身上看到你自己的缘故吧，我在简和珍妮身上至少看到了这些特点：深入钻研的能力、激情和热情，这也是我对自己的认识。

创造能力同时还指能够在你周围发现能人，他们能够完成你自己做不到的事情。

在“作战室”中产生创意

佩妮莱一向不喜欢那些主要为吸引眼球而设计的玻璃制品、漂亮物品和高大建筑物。至少，在创造性工作阶段，她不在乎这些。为创造过程制定一个框架，显然需要创造者对事物有一定的了解，包括时下的资源、成本以及大量的相关研究。例如，如果佩妮莱打算为宠物狗的主人创办一种新的杂志，她得首先弄清楚宠物狗主人们想要阅读什么内容，有多少家庭养狗，他们究竟是否有能力购买等等。她指出框架搭建好后，有了预算就有所助益。这个框架可以是需要在市场上发布的产品，而你需要在合理界限内运营：“我是被迫设定一些目标。否则，我会偏离轨道。”

佩妮莱也很认可我们使用的这个比喻，即行走在盒子边缘，从已有的事物中筛选并吸纳知识。当这一阶段完成后，她便进入到她所称的“作战室”——一个白墙环绕的房间。如果这是个丑陋的地方，那最好不过！在这里，任何事情都可能发生。“把我从设计中解脱出来吧！”她感叹道，“我受不了，受不了漂亮的装饰。一切都需要处于原始状态，我们需要任由一切可能的事情发生。”

佩妮莱解释说，她目前正致力于筹办新杂志这一项目。这一新杂志会是什么样，她十分清楚。实际上，这是一个已有的概念，她正忙于拆除、再重建的工作。因此，她把财务计算粘贴在作战室的一面墙上，在另一面墙上粘贴了视觉画面。她说，就在这一过程的某个点上，美好的东西就会出现。一切东西都需要从电脑中拖出来并贴在墙上。

在进入房间之前，她要保证对自己的概念了如指掌。例如，在开始做电视脱口秀节目之前，她观看了许多像美国脱口秀主持人奥普拉·温弗瑞（Oprah Winfrey）那样的知名人物主持的聊天节目。然而，一旦进入作战室，奥普拉的一切都不复存在，因为佩妮莱不愿意重复他人。在准备阶段，各种经历可能至关重要，但是当你试图去发现新事物时，它们就会起到阻碍作用。

在作战室里，整个过程可谓是孤军奋战。只有几位最出色的雇员被邀请入内。但是，只要最初的思路组织好了，佩妮莱就会确保让她的雇员进一步推进这个想法。

特别的女人

佩妮莱说，这次访谈后她准备去日德兰岛的避暑别墅，独自一人。因为正如她所说的那样，“与一个只喜欢与自己结伴的女人作伴，那是十分困难的。”事实上，她感觉自己患有轻微的阿斯伯格综合征。她恪尽职守、遵循程序且始终围绕一个中心开展工作的能力使她与他人相处非常直接。当有人向她提出自己的某个想法时，他们会得到毫不掩饰的、未加褒扬的反馈。“我可以花费几分钟的时间来谈这个想法，但不会有什么结果。”

在作战室，她也是一个人，她很享受一个人频繁地出入电影院和餐馆。这就是说，她可以在一个人群聚集之地快速地捕捉到那种气氛，调整好自己的情绪或转而使用行话。她有很强的敏感性，能够觉察并表述自己周围的事物。

和我们大部分访谈对象一样，佩妮莱真正是在阻力中成长起来的。不管怎样，她从自己的经验中懂得阻力是有建设性作用的。“遇到阻力，实际上可能暗示着我已经正确理解了一些事情。”有一次，她从员工那里了解到，他们在餐厅里对她能否在项目上取得成功这件事常常打赌。由于挫败感，佩妮莱跑到浴室，开始呕吐。但是，

她很快又重新回到争议声中投入战斗。佩妮莱说:

> 奇怪的是,像那样的一天当中,我可以经历几种变化,从开始对许多事情不高兴,到有些冷静沉着,再到干劲十足。我会如风暴一般地奔向自己的目标。如果有人告诉我在此之前没有人做过这件事,说我没有经验,不可能做成这件事——那么,没有比这更好的方式能让我干起来了。

当我们问佩妮莱她是从何处获得这种特质的,她回答说自己常常能从父母那里得到极大的支持;当事情紧急到火烧眉毛时,她是最坚强的。“我每次都会感到恶心,但都会有一种重生的感觉。”此外,她还能熟练地召集人员、组建正确的团队,将他们紧紧团结在她周围。“我把最优秀的人才召集起来,”她说,“并在我的书中记录下一切。”

佩妮莱还解释说她擅长对事物的深入研读。有一次她了解到自己需要一种商业战略,她就坐下来读了四本有关这方面的书。“这时,我发现在某种程度上我已经做了SWOT分析,即优势(strengths)、劣势(weaknesses)、机会(opportunities)、威胁(threats)分析。”

佩妮莱学得很快,但在学校表现并不太好。她很难安安静静地坐下来,个人感觉她应该让老师给她一个乐高积木盒或者微型的沙盒,然后被允许坐在角落。她说:“那样的话,我能吸收更多的知识。”她总是漫游在两个平行世界之间,这在学校是很难的。“当其他人在北日德兰岛探讨昆虫时,我却在冰岛观察火山。”

在下一章，我们将去丹麦广播电视台工作室看看。在那里，我们将会见到丹麦广播电视台的电视剧负责人英格尔夫·加博尔德，听他在世界地图上谈谈上演丹麦戏剧的计划，而不是把焦点放在太多的蓝象上。

小结

与佩妮莱的访谈完全证实了创造过程是有代价的。对佩妮莱而言，她是幸运的，因为她是在阻力中成长起来的。然而，她也告诉我们，在她年轻时，她试图避免自己常常遇到的那种巨大矛盾。很显然，从佩妮莱的故事当中，我们可以学到以下几点：

- 你要能顶得住逆境。如果在做一个项目时遇到很多阻力，那就可以假定你已经正确理解了一些事情。
- 创造过程要求你具有很强的敏感性和展现能力。学着观察你周围的事物，把各种见解结合起来形成新的想法。
- 虽然单独一人的空间可能会有助于创造过程的完成，但创造力并非一个人的事情。有创造性的人善于把那些擅长做其他事情的人留在自己的身边。
- 在一定程度上说，不顾一切的态度是必要的。佩妮莱是我们访谈的对象中谈及自己的创造过程最有激情的人。这可能是因为女人要想获得与男人同等的成果，需要付出双倍的努力——抑或可能是因为她急于展现自己真实的一面。

— 第十章 —

CHAPTER 10

走在创新边缘的乐高积木

要是我们一直坐在这里会怎么样？要是我们突然看到一头蓝象那又会怎么样？

欢迎来到访谈现场！这次我们访谈的是丹麦广播电视台前任电视剧负责人英格尔夫·加博尔德。从某种形式上说，这次访谈与以往在律师事务所和东桥区（Østerbro）咖啡馆的访谈略有不同，那些访谈都是喝着咖啡进行的。迈克尔·瓦伦汀和佩妮莱·阿兰德描述了他们创造性成果背后隐藏的巨大能量和决心。英格尔夫也认为自己有那种动力和能量，我们将在第十二章进行重点探讨。

但在这一章，我们将获悉更多有关英格尔夫为什么提到蓝象，我们将突出创造力方面的例子，创造力，即被人们理解为在盒子边缘工作的产品。实际上，有证据表明丹麦广播电视台播出的电视剧就是在现有题材形式的边缘推进的，如犯罪剧的题材形式；也许正是因为这个题材，丹麦的电视剧才显示出了它们的创造潜力，就像是乐高积木一样。我们在本章将谈到更多这方面的内容。

英格尔夫·加博尔德出生于1942年，先后在几家电视台工作，长期从事节目设计和管理的工作，1999年担任丹麦广播电视台的电视剧负责人。2012年英格尔夫退休，但在我们对他进行访谈时，他仍在此职位任职。

8月的一天，我们在哥本哈根的一家叫“格兰德”的咖啡馆中约见了英格尔夫，这家咖啡馆和同名的格兰德艺术剧院相连。在此之前我们拜访了LETT律师事务所的律师们。英格尔夫一边喝着白葡萄酒，一边极力地向莱娜献殷勤，这时，能听到咖啡馆不断传来背景哼唱声和讲话声，我们被卷入到了一个精神动力世界。

我们选择访谈对象的标准之一，就是把目标群体定位于那些已经通过自己的创造力获得成功的人，他们不仅在丹麦本国成功，而且还得到了国外认可，并/或把商品销往国外，创造性地发展了自己。牢记这点，接近英格尔夫就是显而易见的事了。

丹麦电视剧在丹麦获得了巨大成功，当《谋杀》和《权力的堡垒》(*Borgen*)等电视连续剧每周日晚上播出时，几百万观众全神贯注地盯着电视屏幕观看，这两部电视连续剧在国外也大获成功。因此，在2011年3月19日，当《谋杀》在英国播出时，伦敦的《泰晤士报》发表了一篇题为《做丹麦人真酷》的专题文章。这篇文章描述了英国女人如何为《谋杀》中的女警探萨拉·伦德着迷，她性格坚强，善于独立思考。文章还特别说明了独具特色的丹麦犯罪剧如何在英国成为了一种魅力之源，其人物角色与英国经典犯罪连续剧的人物角色大不相同。

在访谈中，英格尔夫·加博尔德说话直言不讳，他坚持认为人们所说的和所写的许多关于创造力的东西都“完全是胡说八道”，所以，我们当时就清醒地认识到了这一点。毫无疑问，英格尔夫是一位对创造力的问题具有强烈的个人观点的访谈对象。正因如此，本书给了他一个平台，用了两章而不是一章篇幅让他讲述。换句话说，本章集中探讨的是创造力的基础框架，接下来的一章谈论的是创造力中激情的重要性和对完美的追求。

你我之间的空间

在英格尔夫开始谈论蓝象之前，他谈到了自己是如何受到法国精神分析学家雅克·拉康的启发，拉康曾公开表明他受益于传奇人物西格蒙德·弗洛伊德的理论。对英格尔夫而言，这个具推测性的领域已经为他引领和推动创新的工作提供了一种模式。拉康因其有关儿童成长的镜像理论而知名，按照拉康的观点，在儿童一岁末或两岁初时，当他看到镜子中的自己时，他开始获得一种自我意识。英格尔夫说：

> 在这一点上，儿童的主观自我出现了裂痕，其主观自我表现在“我”和“他者”之间直觉的不同。正是在这个空间里，我们发现了想象中的情节、梦以及幻想的源头。在“我”和“他者”之间的空间里，存在着一种反应，某种东西出现了，就这样发生了。那里存在一个空白。你只需要想一想这是怎样表达出来的：

“我猜想”（除我之外的一种情景）；“我愿意”（其他事情）；“我想要”（其他东西）。特别是对我的演员和编剧来说，正是在这个空间里，幻想的东西出现了。在这个地方，我们可以构思剧本和情节。我可能会问一位演员：“你怎么看这种构思？你认为你所扮演的角色身上应该发生什么事？那个角色的自我是什么？”整个我或他者情节都是靠想象力产生的——为实现愿望而做的巨大尝试。面对的中心问题是：“假如那样会怎样？”如果这种空间现象突然消失，我们三人漂浮到了其他的宇宙空间会发生什么事情？如果我们重新审视自己又会怎样？想象一种情景完全就是拥有一种希望、一种需求，满足一种欲望。在此，创造力的整个心理基础就是：“我这样做会发生什么？”

我和他者的分界线就是演员创作过程背后的驱动力。英格尔夫指着一棵向日葵继续说道：“例如，如果在我最近想象的现实中，向日葵看起来并不像这个样子，那会怎样呢？而此刻我想象的向日葵实际上看起来就像这样。换句话说，就是完全不同的向日葵。本质上，我就是那样进行创造性工作的。”

换句话说，在创作过程中，想象虚构情节的能力是最基本的驱动力。但是，那些蓝象同样出现在该部分的访谈中，因为按照英格尔夫的观点，假设情节的能力本身不足以产生创造力。也许，英格尔夫的观点有些令人吃惊，他认为我们的想象力必须加以控制才能发挥其特定优势：

如果我们只是坐在这里一动不动会怎么样呢？如果我们突然看到一头蓝象又会怎么样呢？好吧，严肃地说，这对任何人都不会有用。在我看来，过多的创造和受约束的思考同样让人觉得乏味。仅为了创造而创造不会让我们得到什么结果。和成年人一起，变革的过程才是重要的。你怎么才能以最佳方式表达自己的创造力？你打算如何利用你用魔法招来的那头大象呢？只有专业的训练和技艺才能使它们崭露头角。

对于丹麦广播电视台虚构电视剧的员工，英格尔夫并不想要他们具有纯粹的、未经训练的创造力。他认为他们的能力必须得到锻炼，即能够把自己置身于“自我”和“客体”之间的想象空间，必须具备那种专业的知识和洞察力，从而能够在具体的语境中激发创造的活力。他的观点也恰恰是我们在盒子边缘思考这一理念所暗示的观点。我们可以用纯粹的想象力使自己“跳出思维盒子的边缘”，但是，在你实际开始创作一些真正新颖且有意义的东西前，想象力本身只是你需要的几个先决条件之一。在访谈的过程中，我们向英格尔夫提出了这个明显非传统的方法，他回答道：

我的经验是，在盒子之外进行思考是关键所在，正如我们想象在那儿看见了一头大象一样。现在看来，这本身并没什么意思。但是，如果在盒子的边缘，那就会有趣得多。这是不对称的、非体制化的、非统一的，甚至可以称之为将不同曲调同时结合的对位法。

就其本身而言，仅仅想到蓝色大象并没什么意思。它必须和一个语境、一个过程或一种想法相结合。因此，英格尔夫对空中城堡之类的幻想剧本持批评态度。与此同时，在接受访谈中，他还对学校体制压制自由思考的状况表示担忧：

> 空间思维在少年儿童阶段处于完全流动状态。儿童表现出的思维跳跃性是狂野的、随意的、非线性且循环的。随着儿童与他人交往，这种循环的联想思维逐渐被挤压进了各个线性渠道中。这个过程在三年级时得以完成。在我们学校的教育系统中，关键的环节就是使儿童摆脱这些倾向。毫不夸张地说，我在试图把人们带回到那个最初的思维方式上去，这种思维方式他们现在仍然能做到。每个人在生命的开始都是具有创造力的。这种创造力甚至可以更进一步地得到发展，但并非每个人都具备同等的创造力。一些人会把自己的创造力提升到更高的高度，他们比其他人表现得更有才华。

英格尔夫也相信，在过去近十年的时间里，由于学校把考试排在了第一位，创造力已经从学校教育中完全排除了。问题是我们实际上正在使自己的竞争能力陷于危险的境地，用英格尔夫简洁的话说："我不会雇用从那种教育体制中出来的人。"虽然没有完全宿命悲观的意味，但很显然，就丹麦的社会存亡而言，我们最成功的情景剧专家也不相信我们在教育政策方面正朝着正确的方向走。而且，有相当一部分人都赞同他的观点。

想要更多地了解有关测试和创造力之关系的大辩论，请参看莱娜的著作《创新的艺术：从2010年开始在学校提升创造力》（*Fornyelsens kunst–At skabe kreativitet i skolen from 2010*），这是一本十分有用的书。莱娜通过访谈进行调查，同时引用了其他教育研究者的成果作为例证，她指出目前学校的教育系统在运行中存在风险，压制了教师对教学方法进行实验的愿望，可能导致培养出来的学生只擅长于回答已经设定的问题（在测试系统中能找到的问题），但未必擅长设想新问题（例如，虚构的剧本）。

她得出结论：教师即兴使用的教学方法越少，学生自身能见证的即兴创作也就越少，因而他们进行实验和即兴创作也就越难。愿意做实验的人需要知道如何进行实验，还需要亲眼见证过这样的实验，并且还受到鼓励在日常环境中进行即兴创作。专业的标准和勤奋固然很重要，但是还有一种危险是一竿子打沉一船人，其结果是忘了在学校教育系统中培养学生的想象力、想象各种情节以及权衡不同选项的能力。

在本章的后面，我们将用一种更普通的方式来说明不仅仅是英格尔夫·加博尔德对雅克·拉康有浓厚的兴趣。最近一段时期，从事教育创造力的研究人员也重新开始对拉康和其他学者产生了兴趣。其中一位研究者叫安娜·赫伯特，她的研究同样表明，新的神经学研究可以帮助强化幻想、梦想、角色扮演和情景展示在创作过程中的意义。但首先让我们多看几个例子，进一步了解在盒子的边缘前行并创新是什么意思。

在边缘的犯罪电视连续剧

在边缘地带创新，最好的一个例子其实就是犯罪电视剧，丹麦广播电视台的电视剧因此而出了名。但是既令人震惊又让人觉得有趣的是英格尔夫自己就讨厌犯罪电视剧。“侦探剧和犯罪剧是我能想到我看过的最乏味的节目。而警匪剧又是所有电视剧中最无聊的。‘砰，砰，你被捕了！’侦探剧和警匪剧最近不在电视屏幕上播放了。”英格尔夫说，“在我刚开始担任丹麦广播电视台电视剧负责人时，我们播出了*Rejseholdet*（第一辑）系列剧，从表面上看，这部电视剧讲述的是关于发生在丹麦警务处长重案组的故事。那是官方的说法。但是真正吸引人的是精神变态，换句话说，是罪犯扭曲的心理和轻微的反社会倾向/精神错乱的趋势。表面上，我们观看的是犯罪调查者费舍尔和拉·库尔的故事，但是在表层下面发生的事情才是推动一切的力量。”

在边缘地带积极进行创作，采用的全是传统的概念——犯罪电视剧或重案组类型的题材，而实际上在此形式下讲述的是一系列其他故事。在此，我们奉上一个穿越边缘地带的具体实例，即犯罪题材的边缘。不然，我们还有什么别的理由来欢呼另一部犯罪连续剧的到来？或者，正如英格尔夫说的那样：“我们每天晚上都会有机会在电视上看到成百上千部英语犯罪连续剧。我要说的是作为观众，我们之所以坚持待在那儿，是因为丹麦广播电视台的电视剧不仅仅是犯罪惊悚片。”按照英格尔夫的说法，必须要有疯狂的元素在里面。否则，犯罪题材不会引起人们的兴趣。

在此，我们对英格尔夫·加博尔德的访谈暂时告一段落，在下一章我们会接着讲述。但现在我们会继续讨论在边缘进行创造性工作这一主题，因为，不出大家所料，在我们完成的其他访谈中这一主题还会再次出现。

在边缘上的其他人

在我们进行的实证研究中，我们还发现在其他领域也普遍存在沿着盒子的边缘进行的创新。目前，乐高集团在重新拾回传统积木的行动中做得很成功，而且他们始终不偏离这个概念。诺玛餐厅把北欧料理作为自己的精神气质并逐步进行修改完善，他们沿着创新的边缘在行动。与此同时，皇家哥本哈根瓷器扩大了原有的蓝色沟纹设计，从而设计出了新颖的瓷器系列。安德烈亚斯·戈尔德和索伦·拉斯泰德为此备受鼓舞，从这个意义上讲，他们已经在沿着创新的边缘工作。

我们认为乐高集团的例子值得我们进行深入探讨。首先，让我们先去比伦德镇做一次短途旅行，去认识一下与积木概念相关的元素，或者更确切地说：乐高集团是如何成功地保持了趣味积木的销售额，并在使用少量塑料的基础上重塑了自己的品牌？

在积木的边缘

在乐高集团的总部——日德兰半岛的比伦德镇，我们已经安排了与三个有创造力的设计师/主任见面，就乐高集团如何恰到好处地处理创作过程，我们对他们进行了访谈。这次会面不得不提前六个月安排——因为要找到一个三位都能来参加的时间真不容易。

这次访谈地点选在乐高创意屋，在一间名叫“鸭子”的小型会议室。一些长方形盒子堆放在会议室外面的走廊里，一眼就能辨认出是乐高公司的。有些盒子上贴有即时贴，上面写着盒子上的图像还未得到核准。换句话说，这里摆放的是全球的孩子们在圣诞节来临之际梦想获得的玩具。那些积木仍然在销售中。在本章后面的内容中，乐高集团设计师会解释这种现象。乐高集团所做的每件事背后都是对质量的要求。首席设计师是一位来自挪威受过培训的木匠，后来还取得了美国玩具设计专业学士学位。他告诉我们他有时为了得到一些创意和灵感会去其他玩具店逛逛。“但是其他那些玩具产品并不能持久。我们的产品质量很高，品质纯正。”他接着说道：

> 从某种程度上讲，乐高集团可以持续销售像积木那样简单的东西，是不同寻常的。也许，对此做出的解释是：这些小小的积木已成为我们讲述的个人故事的一部分。我们买乐高玩具是因为我们的父母以前给我们买过，现在我们又给自己的孩子购买。乐高玩具已成功地成为我们田园诗般愉快童年的国家神

话，实际上，它已经慢慢地把这种传奇故事传播到其他国家。

然而，不久前，我们的120名设计师中只有极少数是来自国外的，但今天大约有50%的设计师来自其他国家。这其实是一种很大的优势，因为乐高集团现在的产品已销往全球各地。我们需要掌握第一手资料，了解不同国家的孩子们所知的神话故事是如何被理解和讲述的。当然，同时我们还需要知道什么样的产品可以跨越国界最为畅销。

善恶之间的长期斗争

设计师们告诉我们，乐高盒子里装着的不仅仅是那些大受欢迎的积木和人物，而且大多数还承载了一个个关于善恶斗争的故事。如果你手中的游戏只有坏人——比如说相互争斗的战士，那么你玩的就不是乐高游戏。乐高游戏包含了一枚硬币的正反面——善恶之间的完美平衡和匹配。让我们再回到会议室，会议室墙上挂有一幅小小的宣传画，上面讲述的是第一个木头鸭子玩具的故事，这个木头鸭子于1936年投放市场。那只鸭子是乐高集团第一件真正意义上的产品。这个会议室之所以被称为“鸭子”，事实上是因为在1942—1960年间这款鸭子玩具就在此地被大批量生产。今天，这个旧工厂为乐高集团提供了会议室和展示乐高历史的大型展馆。而且，这幢建筑物肯定体现出了历史和传统的痕迹。那幅宣传画上这样写着：奥勒·科尔克·克里斯蒂安森（Ole Kirk Kristiansen）开发设计了这款鸭子玩具，他的座右铭是“最好的东西不可多得”。画上还写着：他的儿子哥特弗雷德·科尔克·克里斯蒂安森开发设计了趣味积木。同时，在走廊外面的墙上，还摘录了乐高集团现任老总克伊尔·科尔克·克里斯蒂安森的一句话："过去是我们走向未来的发射台。"

三位设计师的创造性讲话

这三位主任设计师分别是来自开发部的金姆·拉森（Kim Yde Larsen）、产品部的托尔斯滕·比约恩（Torsten Bjørn）和设计部的埃里克·拉加纳斯（Erik Legernes）。长话短说，我们主要是想听听他们对创造力有何看法，也想听听他们介绍乐高集团的成功经验。我们将在接下来的章节中讲述这个故事，但此刻，我们将把重心放在边缘创新这个话题上。事实很清楚地说明，乐高集团出售的不仅仅是趣味积木——正如丹麦广播电视台播出的不仅仅是犯罪剧一样。乐高集团还出售故事，这些故事主要基于积极向上而富有创造性的剧本，该公司现有的成功在于它围绕积木进行创新的能力。

在1990年代末和21世纪初，乐高集团经历了两次剧变。在访谈中，设计师们解释了危机产生的原因，他们认为公司当时偏离乐高价值观太远。公司突然之间把太多的注意力放在技术上，使产品元素和颜色的数量变得更加复杂。这对整个企业集团来说是非常有害的。事实上，乐高集团已经在创造力方面走得太远，表现得过火了。为了应对这次危机，公司决定采取的措施之一是尽量减少平台、元素和颜色的数量。托尔斯滕解释说主要概念要回归公司的核心价值观：

> 我们的成功有着曲折的过程，其间有许多不同的因素在起作用。但是，最重要的是我们回归到了传统的力量和价值观上。我们已经开始害怕只接受并发展自己的优势。我们退缩了，害怕相信世界上的孩子们仍然乐于玩那些很普通的积木，而且开始相信他们真正想要的是技术。我们在1990年代末生产的部分产品就偏离乐高集团真正存在的理由太远了。现在有很多孩子真正喜欢我们的积木。我们在注意力和专注度方面做得更好了。我们在世界范围内的市场营销和商业往来方面变得更加敏锐。同样地，作为一家企业和顾客服务商，我们更善于倾听。说实话，我们以前变得有点自大。这种“自大病”的症状在当时我们并未及时处理。

从本质上说，乐高集团在创新的边缘走得太远了——或者你也可以说，它已经远离了那个盒子。现在，该公司正在系统地探索积木概念的外延，把注意力集中在一个简单而关键的事实上：孩子们仍然喜欢玩积木。而且，还有一个事实：父母乐于为自己的孩子花钱买质量好的产品。值得一提的是，在2009年和2010年的金融危机期间，乐高集团做得特别好。设计者解释说，许多父母似乎相信不管是金融危机还是增长的失业率都不应该过度地影响孩子们的乐趣，而且趣味积木对孩子们来说是一种再熟悉不过的产品了。因此，我们再一次吸取了这个教训，即太偏离你擅长的领域未必是件好事。

在盒子的边缘发挥创造力还有另一个重要方面，那就是研究市场并寻找好的创意的能力和意愿。我们询问了乐高集团的设计师们，他们是如何看待自己的竞争者的，竞争者开发并投放到市场上的产品是否会激发他们的动力。埃里克回答道：

> 我们不缺乏竞争对手，当然他们看得到我们的成功。向前看时，我们看到竞争就在路上。我们会密切关注市场中其他较大的竞争对手。他们是如何投放产品的？我们也喜欢闯入正在进行的新式社交游戏中。不要忘了，我们也会购买竞争对手发明的游戏，我们还会与他们玩一把。但是，我们也会检查他们的商业指数和市场份额。总体来说，我们会密切观察接下来的发展轨迹，包括玩具和游戏市场。然后，我们当然还需要提防那些从事盗版和复制品活动的人。即便如此，我们也不能太痴迷于竞争者在做什么。乐高集团自身需要竭尽所能地引领市场，并把市场带到全新的方向上去。就像我们对待“乐高游戏”那样，我们探究不同的策略，把主动权握在自己的手中。

要创造性地跨越思维的边缘，一个重要方面是观察市场中的其他玩家，发现你身边还未被意识到的新动态和趋势。但是，我们并不是说就此跑掉，然后剽窃知名大师；我们在此谈论的是一种采样形式，在边缘发挥创造力。在对乐高集团的访谈中，另一件非常有趣的事情是设计者们强调说，他们来到这个世界是为了鼓励人们为自己进行创作，正如他们的产品体现的精神那样。换句话说，乐高集团是一家凭借积木游戏激发并提升顾客创新能力而成长起来的企业。托尔斯滕自己多次使用了“共同创作”这个术语。这些设计师们在谈及他们的工作时欢欣鼓舞，因为这种工作为孩子们提供了游戏和玩耍的经历，提供了发挥创造力的机会。

这种新方法常常指把已有的事物结合起来。因此，发挥创造力其实就是采集样本，把不同元素加以合成，再进行调整，搭建桥梁——或者，也可以把美国或韩国发明的东西拿过来，使它在丹麦发挥作用。发挥创造力就是运用想象力重新思考原有知识和专业技能。正如爱因斯坦说过的那样，“你不需要总是透露自己的创意来自何处。”

本书提供了多个创意工作坊和组织机构的快照、相关故事及其不同见解，这些描述说明，创新团队所精通的正是这种采样形式和创造性地跨越不同界面。用更为日常的语言来表述，我们得打破阻碍，把许多事物颠倒过来。简单地说，我们在制作犯罪电视剧时不能仅仅把它制作成另一部警匪片，在开发趣味游戏时不能仅仅只是在墙上多添加一块积木而已。我们需要有能力把从别人那里获取的知识和专业技能结合起来，挑选出新的方法和途径。但与此同时，我们还需要继续做我们擅长并已成功做成的事情——诸如像乐高集团员工描述的核心价值之类。但一个人过于富有创造性也对自己不利，这一点在创造力已被神化并受大家尊崇的时代十分重要。或者，用一种异端的说法，我们需要用更聪明但未必更努力的方式进行工作。乐高集团出现危机是因为把事情搞得过于复杂，存在过度创新。解决的办法就是回归到更为简单的方法。

第十一章
CHAPTER 11

赤裸身体去赢得艾美奖

现在我们距离目标更近了。前几章讲述的故事和提供的案例告诉我们，我们需要学会如何创造性地在边缘行走。但是，如果创造的冲动是为了取得成功，那么激情、想象力和欲望也起着决定性作用。这听起来似乎有些自命不凡，但创造力的最初来源就是热情参与——事实上，极大的热情里也包含有受苦的成分。这种痛苦来自可能遭遇的障碍，须未雨绸缪，以应对边缘性创新带来的挑战，抑或也可能会逃离脱身。在这里，激情就是为了实现一个只存在于边缘的未来梦想，或是为了找寻到某种能充实你创造性人生的有趣事物。尤哈尼·帕拉斯玛在他的《智慧之手》一书中详述了这一点：

> 构思情节的能力、挣脱物质的束缚和摆脱时间与地点限制的能力，都必须被视为最具人类属性的能力。创新能力和道德需求都需要想象力。但是很显然，事实证明这种能力不仅是大脑赋予的力量，而且还能通过我们的整个身体以幻想、欲望和梦想的形式反射出来。

在本章中，我们将详述为什么丹麦广播电视台的前任电视剧负责人英格尔夫·加博尔德把激情和欲望视为该电视台在国内电视剧中成功的关键。然后我们将探讨诺玛餐厅的主厨雷尼·雷德泽皮很痴迷于完美创意的原因。但我们将先从另一个话题谈起：一本关于苹果公司传奇人物史蒂夫·乔布斯的书。

通往内心激情的曲折道路

已故的苹果公司传奇人物史蒂夫·乔布斯曾说过，激情是他获得成功和愉快工作的关键。卡迈恩·加洛在他2011年出版的《非同凡“想”：苹果大师史蒂夫·乔布斯的创新启示》一书中透露，在1972年史蒂夫选择从高中辍学时，他的父母很为他担心。他的养父母曾对他的生母承诺会确保史蒂夫接受优质教育。现在看来这似乎是一个空洞的诺言了。在这本书中，乔布斯说他看不到学校教育能帮助他找到适合自己的生存之道。

当时没有人知道他选择辍学的想法会带来数十亿美元的财富。在接下来的18个月里，史蒂夫·乔布斯决定去听他真正感兴趣的课程。例如，他听了一门书法课程，尽管并不真的知道以后书法会有何种用途。正如创造性突破的案例中常出现的情况那样，最初看似无用的东西在后来会变得确实非常有用。无论如何，正如乔布斯自己所说的那样，书法这门课程教会了他图解的意识——如今对看过或用过苹果电脑或iPhone手机的每个人来说，这一点都变得显而易见。这种用户界面极易操作且美观、令人愉悦。在电脑市场中，这种创新吸引了大批人去购买苹果公司的产品。那么我们从这个故事中可以学到什么呢？也许那就是我们应该像史蒂夫·乔布斯那样跟着自己的激情走。乔布斯说道：

> 我确信让我一直走下去的唯一理由是我热爱我正在做的事情。你需要弄清楚你究竟喜爱什么。工作如此，爱人也如此。工作将占用你生活的很大一部分。对你所做之事感到满意的唯一途径是相信你正在做的工作非常重要。如果你现在还没找到，那就继续寻找。如同与心灵有关的其他事情一样，等你找到时，你的心会告诉你。就像世间任何真诚的关系一样，随着时间的推移，这种关系会变得越来越亲密。因此，继续寻找，不要停，直到你找到自己喜爱做的事情。继续寻找你的激情所在，因为它将是推动你前进的动力。

当然，这样说很容易，尤其是当你像史蒂夫·乔布斯那样，成功地把自己的错误决定和曲折的职业生涯变成连贯的成功人生故事时。所以，对于我们这些也许还没有达到乔布斯那样水准的人来说，有必要更加明确地了解激情在切实的创造性实践中的真实含义。这就意味着我们必须深入探究问题的核心，让故事变得更加充实和具体化。

欲望的力量

在所有为本书的创作提供背景事物的受访者中，英格尔夫·加博尔德最强调激情和欲望在创造性努力过程中的重要性。前一章中，英格尔夫谈到自己从法国心理分析学家雅克·拉康那里获得了灵感。英格尔夫既能够把你我之间的差距作为创造性空间，更能超越这种差距，他痴迷于拉康发现和研究的三界说。“从某种程度上说，这三界已经成为我做好电视剧负责人工作的参照模式。”按照英格尔夫的说法，这三界可以归类如下：

（1）象征界指的是符号、数字、秩序和法律。它还指一个人进行正常生活所需的规范和理想。我们又回到了摩西、法律和父权强盛的时代。按照英格尔夫的说法，法律与秩序是由父权统治的。

（2）想象界是在主体我和客体我分离时出现的。英格尔夫说：“我们的剧作家就运用了这种想象界，即‘你自己是如何来想象这样的情节呢？’”想象是没有直接通道的。你只能通过象征界和语言来为自己描绘出一条道路。

（3）实在界指的是源于“其他一切事物”的“整体”。实在界是通过母亲和五六个月大的婴儿之间的共生关系发展起来的，此时婴儿吮吸母乳，和母亲融为一体。孩子还未意识到自己和自己所处的世界。直到后来他才开始主观地体验到自我。

想象界指的是我们幻想和想象的力量，以及我们自身所有狂野的东西。另一方面，实在界代表了活动中的小脑，英格尔夫这样说。具体而言，它指的是“力比多（性力），肉体，需要，性欲和精子”，也是创造性管理的基础。换句话说，实在界直接表达了激情对创造力的重要性。正如英格尔夫所说的那样：

> 当我们在创造过程中组合不同的团队时，我们需要代表三界的人。想象界的人包括我们所有的摄影师、灯光师和作者。他们要创造出以前不存在的人物。我们在谈论哪一种人物角色？他们要进入到什么样的空间？但是象征界的人也需要在其中扮演部分角色，因为需要有人负责制片工作。也许只是那个副导演说：“大家早上好。今天我们将拍摄三个场景。”在创造性不那么强的商业场景中，经理们常常是代表象征界的人。创造力对他们来说最具杀伤力。当你在运输集装箱时不应该具有创造力。工作花样太多也会招来别人的不满。

所以，我们需要这三界或三个宇宙。一个富有创造力的团队不能仅仅由能够进行创造性思考的人或运用自身想象力的人组成。真正的创造力也需要那些能组织和采取行动的人，即象征界的人。同样还要有一个或多个人来定工作基调、推进工作并带着激情和动力去进行沟通，即实在界的人。

为什么我们要创造这样的情景?

英格尔夫有自己深刻的见解，他解释了创造过程中激情或活力的重要性，也说明了具有创造力的领导所发挥的中心作用。他明确表示，具有创造力的领导必须“能够直接观察到大脑阴暗的一面，他们必须力量强大，他们有几分像精力旺盛的猩猩之王”。

英格尔夫还断言，特别是对演员来说，如果按照象征界来管理他们，这些演员就会变得紧张易怒。“如果你一投入工作就盛气凌人，对他们发号施令：‘你先做这个，再做那个’，他们就会变得无所适从，缺乏安全感。”

与此相反，英格尔夫强调建立一个创造性框架（例如，“我们将拍摄三个场景”）的重要性。之后，就需要给演员们一个空间，让他们自己在那个框架内进行创作。“当然，作为导演你就得进入那个空间，提出你的建议——让他们参与进来，但同时也能提供其他的方案和不同的情景。”

英格尔夫说，用大棒进行管理绝不会产生好的效果。那样做只会使人们感到紧张，不敢尝试任何与众不同的新事物。相反，富有创造力的管理和指导则会保证现场所有的人感受到爱，让他们有安全感。当然，也有一些导演和制片人的工作风格并非如此。英格尔夫说，像英格玛·伯格曼和阿尔弗雷德·希区柯克那样的导演采用的就是恐怖统治的方式来获得他们想要的结果。演员仅仅被看作牲畜，他们要做的就是让演员们盛装打扮或衣着朴素。这两位导演因他们高傲和专横的态度而恶名昭彰，因为他们的导演风格非常专制。他们有意剥夺手下演员们的个性，以至于让他们感到了恐惧——然后再按照他们试图创造的人物角色来重新塑造演员们。

被抛弃的情人

英格尔夫毫不掩饰这样一个事实，即他自己最想一起工作的人是闻名世界的丹麦最佳导演拉尔斯·冯·特里厄（Lars von Trier）。然而，英格尔夫却未能让特里厄成功参与到丹麦的电视剧中。“拉尔斯太沉醉于他自己的宇宙中了。他实际上成为了自己电影中的一名演员。他做事没有限制，还摇摆不定。你可以看到一个傻瓜在舞台上胡闹——他们又哭又笑。那个人却不觉得羞耻。拉尔斯也是太沉醉在那个创造性的想象空间之中，以至于一切都变成了一个整体。但是，他也是实在界类型的人，因而有可能会让人非常害怕。拉尔斯属于这类人，他需要舒服地处在一个具体的想象的宇宙中，而且还需要感觉到只有他自己能解决已设定的创造性任务。”

英格尔夫继续说道，许多年来他都有一种很强烈的想法：“我们当然应该依据史特路安塞（从1769年开始担任国王克里斯蒂安七世的医师）的故事拍一部戏，而只有拉尔斯能真正把这件事做成。”①

---

①《皇家风流史》（*En kongelig afære*）是由尼科莱·阿尔赛（Nicolai Arcel）导演的一部丹麦宫廷电影，这部影片在本次访谈开始时已发布。

英格尔夫接下去说，“像拉尔斯·冯·特里厄这样的人，需要给他一个合适的项目。你需要有一些东西能够诱惑他，比如你可以说这样的话，‘只有你能拿下这部电影。你是唯一被选中的注定能做成这件事的人。’我们实际上一度快要敲定这件事了，结果他退出了。说真的，我不是在玩游戏。我尽自己所能去诱惑他，但是……唉。所以，是的，就这样我成了那个被抛弃的情人。他不想要我了，并把我置于他的控制之下。我当时那个想法真的很棒。然而，当我们见面时，他只是向我展示了一套布景模型：黑色的地板和用粉笔画的条纹布。然后他开始给我讲述《狗镇》（*Dogville*）这部电影。就这样，当然，像其他被抛弃的情人一样，我反而对他更加痴迷了。我想说万分感谢，拉尔斯。”所以，是的，一个有创造性的领导者同时也会冒这种风险。你最终可能会是那位被拒绝的新娘。但是，如果你想在你的团队中找到合适的人选，你不得不通过诱惑、情感和爱慕的方式来拉拢他们。但是，你需要厚着脸皮，因为他们的回答常常是“不”。

激情和商业结合

那么，一个具有创造力的领导者应该是什么样的？“我参加了整个象征界的工作安排，而且还颠覆了整个象征界的规则。概括地说，那是我的角色。我们必须有胆量让想象界不受束缚，这样一来任何事情都可以发生，一切事物都可以流动，没有固定的形式。但我们也不得不把创造过程甩在身后，进入一种生产模式。我相信，创造性发展和生产是紧密联系在一起的。而你的想象界也需要接受训练使其在一定的规则内。做梦，然后把它写下来。在表面现象之下一定得有力比多和爱在流动。”所以，英格尔夫说的是创造过程需要与具体的生产相互作用，而想象和构思情景的能力可以通过学习获得并逐步提高。正如之前在介绍本章时帕拉斯玛所断言的那样，这些想象的力量不是纯粹可认知的。人的身体有自己的欲望、幻想和激情。当我们实际处在“我”和“你”之间的那个空间时，我们也需要感受到这些东西。而当“我们”共同工作时，我们也在实践中学习到了创造力。具有创造力的领导者必须能够组建一支合适的团队，并驾驭和培养参与其中的不同性格的人。鉴于此，从根本上说，我们既需要那些能提出创意的人，又需要能够实现它们的人。就创造力而言，我们只需赤裸身体，去赢得那个艾美奖：激情和商业相结合就能起作用。

在创造性的边缘

在潜意识过程方面，拉康仍然是一个关键的思想家。这一点也体现在最新出版的一本有关创造力与学习的书中，该书的作者是前面提到的来自隆德大学的瑞典作者和研究者安娜·赫伯特。这本于2010年出版的书名为《创造力教育学》，赫伯特在书中描述了她第一次见到自己的大学讲师的情景，继而在十年后他成为了她的博士生导师。这位讲师因其创造性教学方法而著称。没有人知道他的一次讲座或一门课可能会在什么地方结束，这种教学方式常常会让学生完全陷入困惑。但是，那位讲师总是对新观点采取开放的态度，并把错误看作是教育过程中很自然的一部分。也就是这位讲师把赫伯特引荐给了雅克·拉康。起初，赫伯特表示怀疑：为什么她应当投入到所有这些复杂的理论中？但拉康随后为赫伯特的兴趣铺平了道路，她的兴趣就是与教学和教育学理论相关的创造过程。

赫伯特写道，许多创造力理论都是基于一些认知理论，这些认知理论强调以下三个方面：基于智力的动机的重要性，以大脑为动力的前提条件，以及独立个体丰富的创造力与发散式心理发展的关系。然而，尽管我们在这个研究领域中已取得了历史性的重大进步，包括阐释了智力和创造力之间的关系以及精神病理学的某些形式和发散思维能力之间的关系，但赫伯特仍然认为还有一些领域有待探索，而这些理论并不适用。

例如，潜在的或潜意识过程的重要性已经逐渐成为学者争论和支持的焦点，甚至出现在了认知研究中；但在现代创造力文献中，这一点还很少有人关注。当新的创意出现时，人们常常认为创造过程在处理阶段尤为重要。但是我们很少能获得有关这些过程实际运作的具体描述——除了涉及对右脑的描述之外。因此，赫伯特相信有必要对这些过程进行更加详细具体的描述。她认为拉康的理论对此进行了尝试性分析，有助于人们更好地理解这些过程。

所以，拉康的粉丝不止英格尔夫·加博尔德一人。在这里，安娜·赫伯特依照拉康的三种知识类型（即三界）提供了她自己的版本：

（1）认知，指的是我们对他者的情景做出想象和假设的能力；

（2）知识，指的是我们用符号来表达和描述知识的能力；

（3）机智，指的是用符号和物质（包括身体）表达的知识。

按照赫伯特的观点，正是多种形式的知识之间相互作用为我们的创新能力奠定了基础；在此语境下，知识的物质形式——也就是英格尔夫所称的“实在界”，在其中扮演着主要的角色。

赫伯特相信某些个体具有创造力方面的特质，但是每个人都有潜力让自己更多地意识到如何运用自身的创造力。具备巨大创造力的人和创造力不那么突出的人之间唯一的区别就是：更具创造力的人更擅长在广阔的环境中利用创造过程。按照赫伯特的说法，梦可以通过想象再体验不同的场景，进而为我们指明道路。角色扮演能揭示我们的性格和性情中的不同方面，尤其是那些我们从未发现自身具备的性格。

拉康的理论也使我们深刻理解到在创造性情景中他人的重要性。例如，我们去听一场讲座或观看一个电视节目，然后可能会突然意识或留心到一些我们自己从未发现的事物。但这并不意味着我们总得按照我们看到的或被告知的新方法行事。这个看起来很神秘的过程就很关键，通过这个过程，我们会得到一个与先前期望不同的结果。因此，我们必须善于接受唤起我们创造力的潜意识或物质过程，这就是底线。我们得有勇气允许教室和工作环境中出现混乱的局面，因为正是这种看起来无用和偶然的事情会使我们洞察到自身从未想象过的事情。而且，我们需要更加留心，对于在想象的场景和空间中的创造力财富，我们要保证使其变得真实而有意义，及时将创造力财富转化到生产领域，并通过实在界的直觉维度加以推进。

在下一章，麦克·克里斯滕森，公司董事长及哥本哈根皇家剧院前负责人，将描述他在国家舞台剧中所扮演的主要参与者的角色。他在其他许多地方都有作为负责人的亲身体验和实际经验。克里斯滕森说在创造过程中最重要的就是能在保持锅炉运行的同时让火熊熊燃烧——建立清晰的框架而不施加控制。

第十二章

CHAPTER 12

让锅炉的火熊熊燃烧

我们已经安排好与麦克·克里斯滕森在他的办公室见面，地点就在哥本哈根的圣安斯广场。麦克获得过法律学位，是丹麦皇家剧院的前负责人，还曾是哥本哈根国防部的部门负责人，现在是丹麦广播电视台和奥胡斯大学董事会董事长。访谈伊始，麦克很快就冲好了咖啡，并表示自己有充裕的时间接受访谈。几分钟过后，他便自信地谈到了创造力这个主题——尽管他说自己并不确定我们为什么会有兴趣对他进行访谈。他仅仅是出于谦虚才这样说吧？有一点是肯定的：我们自己是确定的。我们之所以要对麦克进行访谈，就是因为他在管理创造过程、管理具有创造力的人和组织等方面有着丰富的经验。

要让人们有兴趣与你交流

麦克解释说，从剧院到部队，在这漫长的管理者职业生涯中，他为自己设定了一个决定性的成功标准："我想要人们有兴趣与我交流。如果我没有做到这一点，那就不是别人的问题，而是我还需要提高自己的能力，并且要更多地了解我的员工的工作内容。"

麦克说，一个统筹全局的管理者要做的不仅是保持锅炉的运行，而且要让锅炉的火一直熊熊燃烧。只有管理者激励他的下属，并与他们进行真正的职业交流时，这火才烧得旺。麦克认为，如果对自己的员工和锅炉房内的情况都不了解就加以领导，结果可能很危险。所以，他在担任国防部的部门负责人期间，一定会亲自视察每支部队和每个军营，并参加他们的军事演习。这样做能让他准确地了解自己的管理对象，并为他提供了合理的理由去与下属交流或为下属说话。

一个领导者要能够和他的雇员说同一种语言。麦克说，如果你事先不了解这种语言，你就得学习，在这个过程中，也许你还需要付出艰辛的努力。如果你是一所医院的主任，但是缺乏专业的医疗知识，那么你就得走进手术室，跟着救护车出诊，还要在医务科花一些时间。你需要在全国积极地介绍你那些医术精湛的医学主任——尽管你还得挣扎着天天与这些员工打交道。

剧院与心室

换句话说，一个管理者需要让人们有兴趣与他交流。以麦克为例，当他还是剧院经理时，他一年就观看了120多场剧场表演——有歌剧、芭蕾舞剧和戏剧。他坚持认为自己要擅长与导演们讨论专业问题，这就要求他要对剧院和歌剧有所了解。他刚开始担任剧院经理时，并没有空间和自由去这样做，一切都是为了让船能够平稳行驶。然而，几年后，他通过努力成功地赢得了员工的认可，成为了他们可以与之交谈的人。麦克当时的妻子是一个演员，她鼓励麦克继续朝这个方向努力。她说，“你刚来剧院的那几年说起话来完全像个律师，不怎么能唤起大家的兴趣。”

在交谈过程中，麦克是符合他给自己设定的成功标准的。他很清楚如何深入员工的核心领域又留给他们工作空间并在二者之间保持平衡。麦克非常反对控制型领导的观念，他更愿意谈谈在组织内部制定一个工作框架和明确角色期待的重要性。当讲述到他在不同时期的工作故事时，如国防部、剧院、丹麦广播电视台和科研管理部门等，麦克能够很自然地切换。因为在奥胡斯大学担任董事会董事长，他懂得了科研管理工作。

麦克坚信，一个人可以把在剧院领域中获得的经历转而应用到研究领域中去——在接下来的几年中，有必要采取这种特别的做法，以确保有更好的条件做好科研。在这里，麦克依然对领导控制一切这一观念持批评态度。他想要看到最好的研究能够被允许在“心室”中进行，所谓“心室”可以被理解为受保护的空间，研究人员可以在此做实验，从事基础研究，甚至也可以犯错误。麦克说，也许我们甚至不应该把这些心室放在它们惯常的位置。他也不喜欢把重点放在基于文献计量的价值来测量并控制研究生产力。

可以肯定地说，奥胡斯大学得到了一位想要参与到研究本身中来的董事长，因此他什么都做，就是不愿做一个橡皮图章。总体来说，在整个访谈过程中，麦克能够把他从公共机构和国家机构中分别获得的管理经历进行类比分析。只有一个经验丰富的人才能够在不同经历之间切换自如。麦克见多识广，丰富的阅历让他能够明辨各种关系，那是新手首先要学会辨别的。

正因为如此，我们现在要暂别圣安斯广场麦克的办公室，离开这个话题，转而去探究有关创造力和商业的理念，更多地了解为什么这个话题在今天比以往任何时候都更为重要，我们对“创造力”这个术语的使用究竟发生了怎样的变化。

创造力是知识经济中生存的关键

人类的发明才能和生产能力可以促使我们去做一些前所未有的事情，因而是极为吸引人的主题。18世纪末，英国发生了工业革命，机器取代了体力劳动。之所以发生这次工业革命，正是因为人们有想要更好、更快、更高效的迫切愿望。第二次工业革命起源于德国，它见证了电力和汽车的发展，也是一个很好的例子。还有一个例子就是1950年代日本人的思维模式，这种思维模式使得他们提高了生产力，改善了物质匮乏的状况和库存管理。

但是，正如历史学家西蒙·威利（Simon Ville）在2011年出版的《商业内外的创造力与创新》（*Creativity and Innovation in Business and Beyond*）一书中所指出的，有关管理的最新文献更多地关注了创新而不是创造力。这也许是因为创新是有形的，所谓创新，就是我们实际开发了一种新产品并能卖给足够多的顾客，或是我们在某一特殊过程中降低了费用。我们可以从一个公司的财务状况中看到创新。而创造力却并不是那么实实在在看得见的。由于许多创造性过程并不会产生大多数企业测量的条件，所以创造力更难以凭一眼加以识别，也更难以体现在公司的文件上。然而，西蒙·威利坚持认为，越来越多的企业正意识到仅仅把精力放在创新型产品上是不够的。如果企业不去培养产品背后的人，让他们在创造性过程中提高自己，这些产品可能很快会被淘汰。

"创造力"（kreativitet）一词在丹麦语中首次出现是在1964年，即50年前。但是在英语中，创造力这个词出现的时间实际上要早得多，可以追溯到17世纪。然而，在1940年以前，这个词还很少被用在神学领域之外，当时该词意指天赋和想象力，并没有被用来描述在今天"创造力"这个词所指的那些现象。因此，19世纪对天赋的研究主题和今天对创造力的论述之间有着显著的联系——然而，也存在着本质上的差异。

今天，创造力被视为知识经济生存的关键。也许并非人人都具有创造性技能，但是要让尽可能多的人开始认识到他们也可以成为富于创造力的人，这一点十分重要。基于这一点，常常有人断言创造力并不仅仅局限于艺术家们的领域，实际上它是一个有经济价值的、共享的、看得见的过程，每个人都可以学习掌握这种技能。正如契克森米哈所写的那样，创造力“不再是少数人所拥有的奢侈品，而是每个人的必需品”。

因此，在全球劳动力市场出现了一种趋势，那就是人们更加看重创造技能和相关能力，而减少了对更为狭义上的辅助技能的考量。如今在研究领域中，人们普遍认为创造力应该被理解为社会实践中的一种共享的进取心，而不是内心世界的一种神秘的产物。创造力不是独立于社会世界之外的，而是在某种新的有意义的产品被生产出来时就会首先展现出来。这也是我们在创造力研究中谈到的“4个P”：我们所说的创造力，最为理想的状态就是具有这四个要素，即具有创造力的人（creative People）、创造过程（creative Processes）、创意产品（creative Products）和创造性的环境（creative Press）。

因此，不光是所谓创造性产业的管理者们，如剧院总监和剧院经理，能从我们对麦克·克里斯滕森的访谈中获得知识。在当今时代，人们的创造力和发明才能被公认为是至关重要的，有助于我国维持生产和开发新产品的能力，以及一般意义上的发明能力。同样地，了解如何能最好地领导企业和组织开展创造性活动的相关知识也是至关重要的。

制定创造性活动的框架

在我们对麦克的访谈中，有一个观点是不言自明的：对于一个推动创造性活动并统筹全局的管理者来说，他要扮演的最重要的角色就是制定一个框架。麦克说道：

> 在国防部担任部门负责人时，为了真正了解我所领导的部门，我花了很长时间去走访每一个单位。我在国防部、剧院和其他董事会工作时获得的经历让我对我所处的环境十分尊重。不论是在剧院、在研究领域还是在医院，想要管理好创造性活动，你就需要具备制定一个框架但又不施加控制的能力。

按照麦克的观点，这不仅是一种实质上的框架，还包括诸如工作时长和财务的问题。麦克觉得，丹麦模式是建立在灵活性的基础上，要求个人在提供自由活动的框架内具备适应能力和工作能力。麦克解释说，在剧院时，他就为其员工和导演们制定了一个框架，其中包含了可工作的时间和财务。例如：麦克授权一位导演在一个框架内工作，这就意味着麦克并不在乎这个导演如何使用时间，即具体在什么时间做什么工作，只要能够提交工作的结果即可："我基本上不怎么管他们在这个框架内都做了什么，只要他们仍然在框架内就行。要是他们想要在6个星期或14天之内举办100场演出和音乐会，那也由他们自己决定。"

你需要了解你所管理的事务。麦克说，"在剧院时，我很快就意识到我还未做到这一点。"他因此不得不参与到剧院工作中，并逐渐变得善于提供反馈意见，正如他所描述的，他最终成为了这个剧院最好的、最有经验的观众之一，虽然刚开始做起来并不容易。“但还没有一个导演有像我这样作为剧院观众所获得的经验。”麦克因此成为了某种面对公众的窗口，然而，到最后，往往还是由导演做出最终的决定——即使麦克有权行使所谓的财务否决权。如果他的导演们提议的演出会涉及过多的临时演员、主要角色和技术人员，超出了剧院的财力，那么麦克完全有能力推翻这个艺术性的决定。

管理创造力管的是什么？

这个框架提供了一个开放的空间，麦克将之视为创造过程中的关键部分。“‘Teatret Ved Sorte Hest’剧院是由员工、演员和技术人员组成的，我想要在他们中间建立一种团队意识。”麦克觉得实际上的大规模经营是很危险的——不是说剧院的实际大小，而是指小剧院能够培养起来的团结、信任和归属感。正因如此，他带上许多剧院员工和他一起去看马戏表演，这样他们就能从马戏团的艺术家身上学到东西，并把他们从其他产业边缘获得的体验带回来。“如果我们是一所大学，那我们就不想成为马戏团，”麦克说道，“但或许我们很想在其中加入一点马戏团的元素。例如，当马戏团在城镇之间赶路时需要在几小时内准备好一场演出，或一个影片摄影组正在进行制片时，他们的工作效率极高，简直令人难以置信。在以上例子中，经费支持比艺术更为高明。因为当我把剧院的员工带去看马戏团表演时，其目的就是搞清楚我们能从马戏团身上学到什么然后将之应用于剧院。”

麦克认为如果没有对经营和财务的基本管控，创造力就不会发挥作用。创造力要求一个人在一定程度上把握工作方式的透明度。不过麦克也表示，在危机时期遇到的问题是人们往往会倾向于“按时”管理，管理层会花太多的时间确保一切都按照计划行事，但却不会花时间确保所做之事是否有所发展。“在剧院担任经理的前几年，我注重学习，掌握了相关知识，后来我清楚地意识到，自己在管理上控制得越多，我对管理对象一无所知的问题就会愈发凸显。”

依照麦克的观点，从长期来看，除非一个人清楚地认识他所管理的对象，否则他不可能是一个成功的管理者。如果你管理的对象是创意产品，除非你亲自走到下面的锅炉房帮忙把火烧起来，否则你就无法激发这一创造性活动。仅仅让锅炉保持正常运行状态是不够的。麦克认为这对本身就是业主的管理者们来说最为简单，但其他管理者也能从中学习并得到启发。

就管理者的日常工作而言，要是他想了解他的管理对象，这就意味着他在时间支出上需要有很强的意识，能分清轻重缓急：“一旦你决定把时间花在阅读剧本上，你就已经决定了要把时间花在一件可能和管理工作没有直接关系的事情上。”管理者这样做，既不是为了要接管导演的角色，也不是为了加强控制，而是为了了解到底什么才是必要的。

定义领导者的角色

麦克坚持认为，对一位官方行政人员来说，由于自身并没有正式成为创造性活动的一部分，所以管理的诀窍就是要准确地定位自己的管理角色。你不应该四处巡视对艺术问题指手画脚，但是与此同时，你也不应该让艺术家们因你不是一名艺术家这个事实而无视你的看法。“我就是促进创新的一个因素，而且我非常地挑剔。我是站在管理者而不是艺术家的角度来看待问题的，就像是一个店主站在顾客的角度看问题一样。”对管理角色的明确界定意味着你要清楚谁决定什么事。换句话说，这些都是根据创造性环境管理而设立的一套规则，也是领导能力和创造力研究十分强调的并被认为是至关重要的。

自20世纪五六十年代创造力这个概念被提出后，创造力的研究就越来越怀疑人们对创造力的个人理解。大多数有关创造力的最新理论都将其理解为一种现象，它建立在更为集体化的过程中，并在特定的环境和系统中得以实现。正如克里斯·比尔顿所提出的，正是这些环境和系统给创造力、创新和个人才能赋予了意义。

因此，西方对创造力的理解是有问题的，他们将创造力与孤独的创造者相联系，认为只有在孤独的时候才最能发挥创造力，而且创造力通常是自然迸发出来的。然而，就像其他很多人一样，麦克讲述的故事也表明其实并不是这么回事。创造过程需要一些框架。

小结

麦克的故事对管理的叙述有些凌乱。既然这样，我们应该从积极的意义上理解“凌乱”的含义。麦克很快意识到，如果一个人对他所管理的事情一无所知，那么他就不可能是一个合格的管理者。因此，他努力去理解他的管理对象，这样做很有意义。为了领导富有创造性和知识生产型的工作，你必须对员工的工作内容了如指掌。只有到那时，人们才会有兴趣和你交流讨论。从更广泛的角度来看，我们可以从以下几点学习到创造性工作的管理知识：

- 制定工作框架比施加控制更加可取。
- 你只有搞清楚你所领导管理的是什么，才有希望被视为是一名合格的管理者。
- 重要的是创造性空间，让火焰燃烧的地方。创造力可以在“心室”中受到保护，在那里，有责任也有自由的空间。

第十三章

CHAPTER 13

北欧美食运动

要提升可持续创造力，我们会遭遇许多困境。其中之一就是我们可能需要处理两方面的问题，一方面是限制性条件和明确的概念性思考；另一方面是创意的迸发。克里斯蒂安总是爱说数量产生质量。创意越多，你能够运用的就越多，出现好创意的可能性就越大。然而有时候，一种严格而缜密的理念在控制着创造力。

我们知道对于作家来说，写诗需要他们把自己的思想浓缩成10行文字，而不是洋洋洒洒的300多页，所以他们有时候会决定以诗的形式来让自己的作品显得更加精练。中篇小说也能起到同样的作用。作家艾伦·金斯堡（Allen Ginsberg）认为我们的第一个想法往往就是最好的想法，音乐家莱昂纳德·科恩（Leonard Cohen）会花费数年时间去修改一句歌词或一句诗。这就是为什么科恩花了21年才完成他那部涵盖诗歌、随笔和插图的奇书《渴望之书》（*Book of Longing*）。他的一些朋友（和出版商）开玩笑地称这本书为“拖延之书”。乐高集团在一段时期里限制了创造力，并坚信乐高积木本身简单而基本的玩法所蕴含的潜力，为此他们大获成功。大量的创意和严格的限制都可以被看作是鼓励创新的正当途径。

在这一章中，我们将带你去诺玛餐厅，了解“北欧美食”的理念。这是一种严格而缜密的概念性思维，通过这种形式，我们将会认识到建设性限制的重要性。

全球最佳餐厅

从2010年至2012年，诺玛餐厅连续三年被英国餐饮杂志《餐厅》（*Restaurant Magazine*）评为全球最佳餐厅。诺玛餐厅作为一个很好的例子，说明了对创意开发进行严密且总体的概念性思考的重要性。诺玛餐厅利用北欧当地可获得的特有食材，探索出新思路，即用新的烹饪方法来处理这些食材，对北欧美食成功地进行了改进。

那么，诺玛餐厅是如何成功地改变自身“产业”的呢？哪些潜在的创新理念使得诺玛餐厅在北欧烹饪文化的范式转换（paradigm shifts）中扮演了催化剂的角色？在烹饪、农业和食品等产业中尚有其他的利基市场，这家餐厅又是如何在其中的利益相关者中释放出创造性潜力的？

丹麦企业家克劳斯·迈耶（Claus Meyer）是诺玛餐厅的创办者。我们在2013年3月份采访了克劳斯，他给我们讲述了起初创建诺玛餐厅时背后的故事：

从严格意义上讲，诺玛餐厅是从我们称之为“年度最佳美食”的活动中成长起来的。2000年，我向《贝林时报》（*Berlingske Tidende*）的食品评论家索伦·弗兰克（Søren Frank）提出了创建以上这个活动的想法，因为他能把丹麦的食品评论家聚集到一起，来推荐本年度给他们留下最深印象的菜肴。那时，我对法国菜系在丹麦的支配地位已经厌烦透顶。而且，每到新的一年，崆汉斯餐厅（Kong Hans）和索乐德克洛餐厅（SøllerødKro）就会对他们的美食进行全面展示，并以此获得不出人们所料的米其林星级，紧接着又会举办那个派对——米其林星级和大厨帽就会被颁发给菜品最保守、菜价最昂贵的餐厅，但真正的美食佳肴却被大家遗忘了。我对这一切都感到厌倦，但想要改变这种现状非常困难。

想想看，任何种类的食品都可能成为既吸引眼球又有意义的美味佳肴，而不是被烘烤到极致的鹅肝酱和大比目鱼，这无疑是反常的。对用餐者来说，这样的一顿饭可能是一种挑战，因为要在食物中给他们呈现出一个地域的季节和风景，比如说南欧。有些问题并未出现在餐厅本身，所以餐厅甚至可以设立新的议程并找出解决这些问题的方案。但他们并没有这么做。

那时我还没有独立经营过一家餐厅，因此索伦和我组织举办了这场“年度最佳美食”的比赛。这场比赛后来被重新命名为“年度最佳格里克（Gericke）”，并由此成立了丹麦美食评论家协会。发展到后来，我们大家一致同意，在未来几年中展示的菜肴都要以当地时令食材烹饪而成，而且要求烹饪的方法也必须原创。法国菜品尝起来也不错，但是它们发展的方向和之前不一样。

因此，恰巧在2002年，我应邀在一个旧仓库经营一家餐厅，这个仓库坐落在哥本哈根的克里斯钦港。我听说来自格陵兰岛、法罗群岛和冰岛的代表们将会在那里的一个文化中心驻留，而且那个地方300年前也是这些国家的贸易目标。当我在那个仓库四处查看时，我想到了之前的一个项目给我的教训，即食材的广泛性和多样性总是“最佳美食”的前提条件，这也是具备国际影响力的饮食文化。这时我开始意识到开办这家餐厅的意义——这也许可以为开发新美食起到先锋作用。或者就像我们在诺玛餐厅的第一份菜单上所写的那样：“本餐厅志在重构北欧美食，使其吸收北极特色，并凭借自身的美味和特色照亮世界。”我们也许应该把“重构”一词改成“跨越”。

2003年春，我认识了雷尼·雷德泽皮，并提议他担任餐厅主厨兼合伙人。后来，他问及能否让马兹·拉斯朗德（Mads Refslund）也作为合作厨师及合伙人加入我们的队伍，我同意了。在去格陵兰岛、冰岛和法罗群岛进行考察的旅途中，我们在托尔斯港品尝到了一些芜菁，那是一种我从未尝过的味道。那些芜菁更甜，汁更多，一口咬下去，味道很奇妙。我很惊讶地发现这与我自己花园里种的品种竟然是相同的。也许，就像人们说气候和土壤对葡萄及葡萄酒会产生影响一样，当地的气候和土壤也会对北欧农产品产生影响？也许，毕竟并非只有法国人有“风土条件”（terroir，意指特定地区的土壤）的概念？就此，我与来自农学院杰出的植物学家尼尔斯·尔勒（Niels Ehler）进行了讨论。我从对可可粉和咖啡的加工中了解到，如果植物正常生长但速度缓慢，并能达到生理学上的完全成熟状态，那么它们的内部结构就会发育得更加复杂，芳香就会更浓，香味也更具多样性。那么，我们在丹麦、挪威和瑞典种植的这些食材原料情况又如何呢？像大麦、燕麦、黑麦、梨果、卷心菜、香草，还有来自利姆水道的牡蛎和蚌类，我们所有的浆果类，以及转化成肉、牛奶和奶酪的草等等，它们都只能在当地成熟，而且在任何环境下都生长得异常缓慢。要不要从这里入手呢？想想看，千百年来我们一直拥有这样一个独特的、生产世界级食材原料的基地，却因一心想着生产便宜的、标准化的食品而忽视了这个绝好的资源。尼尔斯和我开始通信，分享经验。我们的对话最终产生了一篇关于风土条件这个概念的文章，并发表在一本由我和雷尼于2004年合作出版的书中，这本书主要是讲诺玛餐厅创办当年的故事。

我们起初的目标并不是创办世界上最好的餐厅。诺玛餐厅的目标是把诺玛创办成一个世界级新菜肴的基地，探索北欧烹饪食材原料的潜力。我那时已经意识到，只要我们把整个北欧地区的食材（从北极到我家房屋后面的花园）考虑在内，那么这个目标是很有可能实现的。这就是为什么这是“北欧美食”而不是“丹麦美食”。当然，还因为相对于丹麦来说，“北欧”

拥有完全不同的影响力，而且它是一个“处女品牌”。

实现更大目标的手段

从以上的故事，我们可以清楚地看到，克劳斯·迈耶把诺玛餐厅当作一种实现更大目标的手段。而实现这一目标所遵循的原则就阐述在《北欧美食运动宣言》中。2004年，这一宣言在北欧美食研讨会上被提出，并开始成为北欧美食运动的指向标。但同时，这也是一项创新的交流活动的成果，这场运动取得了惊人的成功，并迅速地扩散到北欧国家的各个角落。正如克劳斯所解释的那样：“这种理念就是要让北欧烹饪界的活动参与者们相互分享知识，在行动上有所超越，这样的倡议将会最终引起群体效应，并带来北欧美食的范式转换或巨大改变。进而人们的烹饪需求、兴趣和创新将会因此呈指数级增长。从短期来看，我们创造了巨大的动力，从而激发了自身兼容并蓄的主动性，所以诺玛餐厅获得了回报。之所以能够创造如此巨大的动力，是因为这场运动在根本理念上引起了人们的极大兴趣，因而诺玛餐厅也被消费者频频光顾。”

克劳斯说，这个项目的时间安排也很关键。“法国和西班牙菜系就没有设立更大目标的意识，这是要引以为戒的。他们领先的烹饪技术创造了许多上好的美食，但是那些大厨们并不承担任何责任。每一餐都是大厨们自己的庆典，他们的餐厅是为少数有高消费能力的精英们所预留的神殿。而就在我们大家共处的这个时代，越来越多的人开始关注自然、环境、肥胖症、糖尿病和非洲的饥荒，关注没有足够的粮食来养活全球日益增长的人口。国际美食记者们已经厌倦了一遍又一遍地写文章评论西班牙斗牛犬餐厅和西班牙美食。2002年，全世界缺乏一种美食观念，即要通过尝试解决这些问题，来对全球的时代思潮产生直接冲击。我确信，如果一个人能在对食物的味道不妥协的情况下考虑这些前提，那么他就有可能彻底改变当前烹饪界的竞争规则。雷尼就是在这个合适的时间、合适的地点出现的那个合适的人。我必须要诚实地说，那时我还未意识到他的全部潜力。否则，我们的成功或许能够花费更少的精力，但是即使是今天，我也很难想象有人能比他做得更好，他应该得到更多的信任，因为他能不断创新，甚至在自身擅长的领域之外也是如此。”

这份宣言让大众对诺玛餐厅的理念产生了广泛的兴趣。诺玛餐厅非常善于在丹麦和世界其他地区推销这份宣言背后的理念。今天，克劳斯·迈耶正全力把自己从诺玛餐厅和北欧美食运动中积累的经验进一步加以利用。他现在正想办法把这些经验作为一种“软件”，给玻利维亚拉巴斯市（南美洲最贫穷的首都）带去希望和进步。克劳斯解释说，“通过这个目标，我们在玻利维亚建立起了信任，募集到了资金并学到了各类知识，我们正筹划把它们利用起来，开设一家美食家餐厅，教那些来自贫民窟的人们去做餐饮方面的创业者。与此同时，我们已发起了一场受到广泛支持的运动，来发挥玻利维亚烹饪文化的潜力。如果成功的话，我认为它将促进丹麦在国际发展援助方面形成新视角。”

富有创造性的未来

诺玛餐厅的创立和北欧美食运动既相互区别又相互联系，对它们二者以及它们之间协同效应的思考我们就讲到这里。那么诺玛餐厅的一夜爆红又是怎么回事？它的美食到底又如何呢？作为诺玛的管理者和首席执行官，彼得·克雷纳负责为雷尼提供日常反馈意见，他是如何规划诺玛餐厅的未来并挖掘其发展潜力的呢？彼得向我们强调说，在限制性条件和菜肴的更新之间把握平衡是诺玛成功的关键。

依据彼得的观点，诺玛餐厅打算继续通过提升创造力来不断创新——不过仍然要严格遵循北欧人的观念，即对每件事都要做到尽善尽美，而且做事仅仅依靠自身的循规蹈矩和重复过去是不够的。彼得还强调说，确保美食不断推陈出新不是一件容易的事情，诺玛餐厅是按照一些明确的目标来经营的，主要围绕持续推出新菜品：

> 例如，现在我们有一道以鹿舌为食材的主菜。我们在尝试别人从未做过的事情，而且要在很大程度上挑战“人们习惯的事物”。

可以得出的结论是：在诺玛餐厅，勇于创新的精神总是胜过对利润的追求。

当然，我们还问彼得是否能谈一谈“沿着盒子边缘前行”背后的创意。他说：

> 你经常会受制于你之前所处的环境，就好像你在一个盒子里。即使你想跳出盒子进行思考，但你怎么也做不到。一旦我们为自己设定了框架，就无法完全跳出盒子之外进行思考，因为你知道，我们已经为自己套上了一个盒子。可以完全肯定的是，我们其实是在盒子外围进行工作，而且只能在外围区域，因为只有在外围区域我们才能向一切发起挑战。外围区域就是我们取得一种元素（食材）的地方：这种元素事实上存在于哪儿呢？它的旁边又是什么呢？

换句话说，在像诺玛餐厅这样极具创新的氛围中，日常工作里的创新往往受到自身环境的严格限制，在这里指的就是北欧环境。我们应该注意到，这种限定的作用是很有成效的。引入一种食材就是引入一种创意，然后还要结合自身的环境，因为这道菜品代表着一个环境，或者甚至可以说代表着对自然的再创造。因此，这种食材被限定在自身的框架内，通过在餐盘中对原有环境的再创造，让这道菜能够表达更深的意味。彼得说，这种日常的即兴创造，体现在雷尼带头采用一些关键词来给食物命名，例如“凤梨”“鹿舌”，或用一种色彩、一个自然栖息地。彼得接着解释道：

例如，这道名叫“羊奶慕斯配酢浆草格兰尼塔冰糕”的菜品，我的意思是说取这个菜名当然是基于山羊吃酢浆草这样一个事实。我们还有许多菜是基于“fasco”这个词来命名的。

这些关键词激发了许多想法。但重要的一点是这些尝试并没有渗透到餐厅所有的运营中。我们也犯了许多错误，许多菜肴在尝试中半途而废，未能成功地进入菜单。但是，在餐厅内部，当有客人光顾我们的餐厅时，几乎从来没发生过什么错误。

是障碍还是大量的创意？

在所有的访谈中，我们都会问及大量的创意和限制性条件之间存在什么关系，这种限定是通过宣言或理念的形式体现出来的。正如前文陈述的那样，这一点在诺玛餐厅的故事中尤为突出。我们与乔根·莱斯的谈话，很容易就涉及创造过程中限制性条件和阻碍的重要性，它们以理念和其他类似的形式存在于创造过程中。正如我们先前了解到的，乔根的作品是以远足、安宁与安静等严格的限定条件为特征的。这种障碍的观念是创造过程中有益的要素，这一观念在拉尔斯·冯·特里厄导演的电影《五道障碍》（*The Five Obstructions*）中就有体现。和乔根的许多其他艺术作品一样，这部影片涉及草图、各种片段和障碍物，这些东西可能会引起轰动，继而促进工作的进行。乔根说：

> 冯·特里厄提出要应对一些不可能的情况。有时你可能会变得十分绝望，但情况越糟，你就会被迫变得更有创造力。我相信困难是存在的，我也相信在遭遇那些不可能的情况时还存在反作用力。

在后面的采访中，我们询问乔根如何看待数量和质量、草案和限制之间的关系。他认为毕加索就是一个特别好的例子，可以用来说明通过数量可以提高质量，因为毕加索在晚年时期非常多产。他的作品描绘的总是那个坐在他面前的模特儿，他通过无数不同的主题表达了一种近乎绝望的、狂怒的能量。这个例子说明数量的积累会提高质量。

但是，乔根自己更喜欢严格的规则——即禁止做某些事，同时还需要选择性限定一些东西。不能移动摄像机就可以是一个规则。乔根说，为什么你必须利用所有的可能性呢？那样做真的很幼稚。倒不如让我们接受这个结果。“就因为你有这些设备，并不意味着你就得使用它们。”引入规则就可以防止一个人什么都要去做，这对艺术工作来说是一条铁律。乔根很高兴许多电影导演加入到道格玛（Dogma）95*这场电影运动中来，诸如托马斯·温特伯格（Tomas

---

* Dogma，丹麦语，是“教条”的意思。Dogma95又称Dogme95，译为“道格玛95”。道格玛95是一场由丹麦导演拉斯·冯·提尔、托马斯·温特伯格、克里斯汀·莱文等于1995年发起的电影运动，该运动被称为道格玛95共同体，其目标是在电影摄制中灌输朴素感和后期制作修改及其他发明的自由，强调电影构成的纯粹性并聚焦于真实的故事和演员的表演本身。——译者注

Vinterberg)、索伦·克拉格·雅各布森(SørenKragh Jacobsen)和欧尔·克利斯汀·梅森(Ole Christian Madsen)。他们都是乔根的学生，并且后来还批评过他。但在乔根看来，对一个人来说，只拥有很少的技术是一种可贵的品质："要从最基础做起——我的意思是说，什么是声音？什么是画面？从最基础做起。有那样的想法，我真的很高兴。"

我们确信创造力与数量、大规模生产、能量以及刺激联系密切，它和限制、准则以及强制性的边界也息息相关。这一点和我们对比雅克·英格斯的访谈结果是一致的。按照比雅克的说法，最糟糕的事就是缔约人对你说"想做什么就做什么"。他们应该制定一些参数让你去遵循。在创造过程中，既要有自由发展的空间，也要有严格的控制，这一点是很有必要的。

有创造性的文化

在一个组织环境下，这一点具有很大的相关性。我们到底应该把注意力集中到以价值驱动的创造性组织上，如以宣言的形式(像诺玛餐厅那样)，还是应该任由创造力自由发展？诺贝尔化学奖获得者莱纳斯·鲍林(Linus Pauling)曾经说过，获得好主意的最好办法是先想出很多个主意。这可能暗示着自由地去追求创意才是进步的最好方式。

在这个世界上，一些最有创造力的人同时也是非常多产的，而且有满脑子的创意。毕加索和马塞尔·杜尚、塞尚、梵高等齐名，他们都是近代史上最多产，也可能是最重要的画家。据保守估计，毕加索一生共创作了大约2万幅作品，还有人说他作品的真实数量接近3万幅。多年来，巴赫都坚持一周写一部清唱剧；即使爱因斯坦因相对论而著称于世，但他还发表了大约250篇其他论文。托马斯·爱迪生则至今仍保持着申请1 093项专利的世界纪录。

这些所谓的天才都创作了大量的作品——但并非所有的作品都达到了同样高的水平。事实上，前面提到的许多人和其他领域的同行，都曾有过不少相对而言质量低下的论文、作品或文章。例如，毕加索的晚年是最多产的一段时期，要是说毕加索在晚年的每幅作品都是杰作，未免言过其实。不过，当大部分的艺术家和批评家都在忙于探讨创作抽象表现主义作品时，毕加索则在探索表现主义的新形式，这种形式通常带有粗俗的、半色情的主题。而就克劳斯·迈耶而言，他并不羞于承认自己犯了许多错误。他有许多的创意，有一些想法很超前，还有一些只是不够好。要坚持下去需要一定的勇气和意志力，但正像克劳斯说的那样，犯错误也并非如此糟糕，只要你知道内部的深层原因，即使你筹划的项目因有问题而失败了，无论如何大家也会从中受益。

那么，我们应该怎样抉择呢？我们的建议是，对大多数机构来说，前进的路上需要有所把控，可以是一个理念、一个方向或一个为发明创造提供框架的视角。这就意味着，如果你希望建立或维护一个富有创造力和创新精神的公司，最重要的任务之一就是：在你锻炼勇气为创造性活动规划方向的同时，你的目标应该是营造富有创造力的企业文化，而且要以趣味性、幽默性和一定程度的冒险精神为特征，尤其是当你作为管理人员的时候更应如此。瑞典创造力研究员约兰·埃克沃尔（Göran Ekwall）在他有关创造性组织的专著中这样说：打造富有创造力的文化，第一步就是要建立一种创造性的氛围，在这种氛围中，员工们可以自由地讨论、玩乐、利用幽默、自由思考。创造性的氛围能够逐渐形成一种文化特征，对企业组织来说，这种特征是基础性的，而且更为持久。我们对公司和教育机构投入的创意和资源越多，它们中间就越有可能出现一个佼佼者。就算工作的方向已定，人们也应有机会挑战这个既定的方向。

换句话说，我们需要鼓励那些想要提建议和接受建议的员工，这些建议可以是如何换一种方式把工作做得更好、更高效，一切都取决于是哪一个工作领域或行业出现了问题。这就要求在组织里不能为恐惧和焦虑所困扰。但凡如此，人们就很可能变得视野狭隘：人们会在意自己的工作是否做得足够好，并且感到紧张不安。这种不确定性、怀疑和自我纠错可能会导致严重后果，阻碍创造过程中灵感的流动。

据说，日本剑术大师泽庵宗彭（Takuan Sōhō）曾指出，“当剑术大师面对自己的对手时，他考虑的既不是他的对手和他自己，也不是他出剑的动作。他只是手握利剑站在那里，并不考虑剑法，而是全身心地跟着身体的感觉走。”

这种状态让人联想起禅宗佛教徒所谓的梦心（mu-shin），即主体、客体和行动都合为一体。这与创造性活动的联系——无论是在个人层面还是团队层面——都是相同的。如果我们置身于心流之中，并且放松身心，减少自我意识和自我纠正，听任于自己正在做的事情，那样的话，我们就会更容易到达自己的潜意识状态，那就是我们的知识、经验和能力所在之处——而且好主意常常会从中产生。在那之后，我们便可以评价这些想法、提议或者是笔记。

迈克尔·米哈尔科（Michael Michalko）是《创造性思维》（*CreativeThinking*）一书的作者，他把珍珠潜水员作为一个有趣的例子，来说明数量的增多有时能引起质量的提高，同时也说明人们应推迟自我纠正的行为，这一行为应发生在创造性活动的后期。他解释说，当珍珠潜水员出海寻找珍珠时，他们不会潜入海水只取一个牡蛎，然后起身，返回海滩，再检查在这个牡蛎里面有没有珍珠。相反，他们会收集大量的牡蛎，然后才返回到海滩，再查看他们是否有足够的运气采到珍珠。从长远来看，这为他们节省了大量的时间。

从商业的角度来看，我们可以利用多种手段，来确保公司的创造性活动的成果达到足够的数量。可以根据员工们提供了多少创意来设定门槛，甚至给他们安排更严格的工作时长。这就迫使员工们在无法进行内心自我批评的情况下提出创意。对此，我们将在下一章中进行更详细的描述，下一章涉及团队和员工在创造性活动中的参与行为。但在此之前，我们将从本章中得出以下三个经验教训：

（1）那些成功创造出新事物的人偶尔也会犯错误。创新需要勇气，但是，那些你不得不面对的主意越多，出现好的创意想法的可能性就越大。

（2）障碍或限制性条件有助于管控一个产品或品牌。通过限定工作领域，它们也能使工作变得更轻松。诺玛餐厅关于北欧美食的宣言就是一个很好的例子。

（3）创新改革常常是弥补当前短板的途径。方法就是要先分析解读这些短板，再创造出能够提供解决办法的产品。

本章中，我们以诺玛餐厅为例，说明了找到一个更大的目标的必要性，这一目标能够推动创造力。下一章中，我们将继续探讨诺玛餐厅和乐高集团。有趣的是，这两家企业都说明了：在创造过程中，自上而下的严格管控和员工的积极参与都很重要。扁平化领导结构（顶层和底层的距离很近）被视为丹麦和北欧的商业特征，这个结构被研究文献认定为是发挥创造力的决定性因素。

第十四章

CHAPTER 14

全球最佳餐厅周六品鉴会

在这一章中，我们将对创造过程本身进行更深入的探讨，特别是有大量员工参与并成功合作的创造过程。这些故事给我们大家都带来了收获，那就是有效的创造过程都涉及以下几个中心环节：员工的参与、尝试创新的空间、事物之间新的联系以及障碍的破除等。

我们继续上一章对诺玛餐厅首席执行官彼得·克雷纳的访谈。我们问彼得，诺玛餐厅成功背后的秘密是什么。除了控制、追求完美、设置限定条件、沿着边缘行走以及管理人员之间的紧密合作之外，在创造过程中还有什么重要的参数？

彼得·克雷纳对这个问题的答案胸有成竹。他说，与之前他在法国和西班牙餐厅的厨房当学徒的经历相比，主厨雷尼·雷德泽皮致力于让员工也高度参与到创造过程中来，就国际餐厅目前的情形来说这个参与度是不同寻常的。诺玛餐厅不仅拉近了管理人员和学徒之间的距离，而且正沿着烹饪职业这一传统的边缘前行。雷尼要求他的厨师和服务员都要独立思考，而且他力图避免出现负面竞争的工作氛围。他回想起在法国的厨房里，所有的厨师都会为了当上更高级的主厨而相互争斗。

团队思考很重要。雷尼在提及他心目中最好的厨师时说道，他们“理解事物的速度很快。他们拥有一种感觉，真实的感觉，在思考的过程中不固执，他们能很快地理解我们做事情的方式”。

一位厨艺精湛的厨师能在所处的环境中很快地找准自己的位置，而且明白工作中各种事物之间是如何相互配合的。同时，雷尼强调说，一个厨艺精湛的厨师能够独立思考很重要，因为他最不想要的是那种严格按照菜谱烹饪的机器人。他要求他的厨师既有敏锐的直觉又很可靠，同时还有自信去品尝并辨别菜品的不同和细微差别。对诺玛餐厅的厨师和服务生来说这些是必需的。很显然，要求他们既能适应工作又能独立思考是非常关键的。对一个想要达到最高水准的餐厅来说，创造力是必不可少的条件，创造力可以被理解为一种用不同的、创新的以及恰当的方式进行思考的能力。

彼得进一步解释说：“我们的周六品鉴会很重要。”他说，“一周中，诺玛餐厅都会挑选一些部门举办派对，比如说冷餐会，让厨师们尝试做一道新菜，然后在周六晚上给雷尼和副主厨们品尝。他们可以随心所欲地使用各种食材进行烹饪，也可以随意处理菜肴。有时候这就是为了好玩。但有时候我们也会有所发现。然后副主厨们就会开始讨论这道菜，如果这道菜入了他们挑剔的法眼，可能我们就会获得灵感并有望在菜单上添上一道新菜品。通过这种方式，我们也可以确保让厨师们看见他们拥有试验和发展的空间。我们想让厨师们具备独立思考的能力。当然，有时候也需要严格控制。很显然，一旦顾客走进诺玛餐厅的大门，他们就要求得到他们所期待的东西——他们花钱来餐厅，就想要吃到既安全又美味的食品。所以，通过周六品鉴会，我们为更多的奇思异想提供了空间。”

这一章主要探讨我们能从诺玛餐厅的周六品鉴会中学到什么。不过从更普遍的意义上来讲，它关注的是：在谈及创造过程甚至还有经济增长时，为什么员工的积极参与是一个关键要素。怀揣着这样的问题，我们又去拜访了乐高集团。乐高的设计主管托尔斯滕认为，集团最近的发展都归功于他所谓的“软价值”，即：员工的参与，对话和交流，以及拉近上下级的距离。

与一线员工对话

如果说创造力和商业互为前提，那么一定程度上的员工参与是必要的。2010年，在一次引人注目的广播访谈中，英国社会学家理查德·森尼特说过，“有时候一线员工比管理人员更聪明，因为他们更了解公司的日常运营。上下级的距离越远，公司高层就越可能听不到一些关键的和基本的信息，这些信息对公司运营来说是举足轻重的。”

在访谈中，森尼特竟然断言五年前西方经济之所以遭遇金融危机，是因为在西方的领军企业中管理人员和员工之间的距离太远。如果管理层当初对金融机制的洞察力很敏锐，就像银行和公司核心员工所必须具备的那样，那么他们早就会对危机做出反应。如果他们和员工走得够近，那么这些知识和信息就会为他们所用。但他们一无所知，只管继续忙自己的生意。

事实上，所有有关创造力的研究都强调创造力需要员工的参与，创造力可以被理解为可持续地创造新事物的能力。我们需要给员工提供空间让他们对话、辩论以及自由地判定问题。一个组织的渗透能力越强，员工就会发现做起事来越容易。我们现在将深入研究与这一话题相关的具体案例。在乐高集团和大黄蜂运动服饰公司，产品的开发流程是在各种职业群体之间的密切交流中进行的，这些职业群体包括工程师、设计师、推销员、市场营销人员、传播人员以及管理人员。克里斯蒂安和乐高集团的设计师们都提及，冲破障碍是这一过程中最为重要的一个方面。但是首先，让我们把目光收回到诺玛餐厅。

周六的“疯狂空间”

在我们的访谈中，彼得·克雷纳谈到努力工作是获得成功之路。不过，还有另一个重要元素，那就是想出比已有事物更棒的东西，你就可以一直领先于人。这两者已经变得同样重要，因为人们总是期望更好的产品，这个压力在不断增大。按照彼得的说法，我们需要保持精力充沛，“不能失败，不能变得臃肿肥胖、动作迟缓，不能效率低下。我们不可以这样”。

我们问及这种对完美的需求是否也有助于吸引和留住好员工。

“这是一定的。不过，对于我们被标榜为世界上最棒的餐厅，我认为这很明显带有一种自我强化的效果，因为这能吸引人们的眼球。但是每逢周六，厨师们就会拿出美食相互分享，他们会想出你能想到的最疯狂的点子，这就是他们做的事。我的意思是，在客人们离开餐厅之后，有的可能会到城里去喝酒找乐，那是凌晨一两点，这时我们的厨师们就会在这里端出他们的新菜品来互相分享。”彼得一边说，一边大笑。

诺玛餐厅的周六品鉴会为厨师们提供了一个空间进行独立思考，这是雷尼非常重视的。它创建了一个“疯狂空间”，在这里你可以尽情地进行实验和尝试。诺玛餐厅的周六品鉴会让创造力持续迸发，而且这个空间摆脱了餐厅日常严格的控制和限制。这就是新的菜品诞生的地方，同时也孕育着敢为人先的新餐厅和新主厨。因此，让员工参与并让他们笃定自己的创意，就是诺玛餐厅采用的主要方式。现在让我们把目光从诺玛餐厅转到乐高集团。在乐高集团，他们的主要原则不仅包括员工的参与和最大程度上组织的团队合作，还包括以用户驱动的创新。

让孩子赞叹“哇噢！”

乐高集团可不是凭运气发展到今天的。当乐高积木或电脑游戏的新产品进入市场之前，就已经有700多个孩子亲身体验过乐高玩具。乐高产品的开发总是伴随着这样一种意识：孩子们在未来的三到四年里会对什么感兴趣？消费模式和市场趋势都要经过周密分析。在产品的开发阶段，每周都会邀请孩子们到乐高集团参加测试，这些孩子可以自由地玩乐高玩具。设计主管埃里克说：“当孩子们来到这儿玩玩具，我们就会对什么是好玩具有直观的感受。之后我们就会在产品开发中加入新的元素并进行调整改变。孩子们会直接说出他们看到的东西和他们中意的玩具，然后我们据此对创意做相应的改变。”因此，乐高集团持续不断地开展以用户为主导的创新和共同创造的活动。埃里克曾是一个在瑞典受过训练的木匠，后来在美国获得了玩具设计学士学位，他在访谈中激动地说：

> 当你看到许多男孩都发出同样的赞叹‘哇，这真酷！’你就会知道这有多棒。我看男孩子们玩乐高玩具看了十多年了，当孩子们全神贯注于自己用积木搭建出的故事时，你就会意识到你努力的方向是正确的。当他们这样做的时候，你就会觉得这真是太好了。当然，就消费模式等方面而言，有很多真正实在的研究结果，但是最重要的事情是你能意识到，“是的，就是这样。”

当接触到新玩具时，孩子们会作何反应？玩具制造商需要对这一点有直观的感受，同时也要了解孩子们玩新玩具的方式以及他们对其特有的反馈。这些直观的感受和了解已经在多年的观察过程中得到磨炼，它们是创造过程中的关键要素。安德烈亚斯·戈尔德借鉴了早期大师们的作品；彼得·斯坦拜克和比雅克·英格斯从他们的周遭事物和城市的元素中汲取有用的东西；而乐高集团的设计师们却利用了观察孩子们的体验。乐高集团不仅利用了前人的经验，也利用了现场此时此刻的具体输入，从这种意义上讲，乐高集团的创造性活动是为集体所共有的。

打破内部障碍

乐高集团到目前能取得成功，另一个起关键作用的理念就是产品开发商自己所称的必须打破内部障碍。换句话说，乐高集团内部在更大程度上的跨学科合作，有助于保证设计师的产品理念不仅仅是激动人心的奇思妙想，而且其产品还能以合理的成本被生产出来。

埃里克说，“我们以乐高集团开发亚特兰蒂斯（Atlantis）和幻影忍者（Ninjago）为例。可以肯定地说，营销、设计、原型制作和沟通传播之间的紧密合作是我们成功的关键。我们在一起密切合作，夜以继日地工作，把不同的技术联系在一起。”

“这是新的方式吗？”我们问道。

“是的，”托尔斯滕解释说，“我们一起共事，尽可能地紧密合作。我们正参与到整个组织内若干个这样的新团队中。在以前，我们都是在各自的领域分开干，花费了好多时间。我们现在已经变得更擅长相互合作。我认为在这方面我们是独一无二的。许多别的公司就很难统筹规划并让一切一起运转。在过去，我们可能不去检查该产品是否能投入生产，就执意完成了一项真的很复杂的设计。不过这也事关我们的沟通能力。”

托尔斯滕继续说道，以前不同群体之间的分工是以物质形式呈现的，具体就体现在那三排书架上。但是，新型的密切关系不仅仅是物质的。在整个访谈过程中，设计师们都在谈论他们是如何在2004年给自己敲响警钟的。乐高集团当时正经历一场危机，当时的感觉就是，“如果我们想要生存下去，就必须从根本上做些改变。1998年的危机还不算太严重，所以我们当时也没有太认真。现在，我们坚持一个策略，并全心全意地去实施它。我们在自己这一行受到过一些真正的冲击。”

乐高集团过去曾面临着一种戏剧性的局面，于是被迫重新进行思考，用新的方式去工作。毫无疑问，很多人都会认可这种被迫改变的经历。“但我们也变得更加擅长于组合管理，”设计师们说。现在他们更多地采用那些在市场上时间更长的图像模型和布景主题，还制作孩子们所熟知的新模型。另外，在为各个年龄层提供服务这一方面，乐高集团也做得很成功。不光是那些孩子们熟悉乐高产品，就连成年人也是如此。

如何保持创造力？

在访谈的过程中，莱娜询问了设计师们一些有关创造性突破的经历。也就是说，为了保持创造力，他们都做了些什么？

托尔斯滕说，他们有时候会举办工作坊和创造性研讨会，但是他们现在已经大大减少了此类活动。“或许我们可以举办更多这样的活动，但实际上我们对它们能否转化为创造力并不自信因而感到有些不安。”例如：他提到，在贝尔福镇举行的为期三天的研讨会上，所有与会的120名设计师和欧洲电影学院一起制作了一部道格玛电影。在这种情况下，他们带回来的就是他们相互有了更深的了解。

埃里克继续说道，挑战在于他们需要最终交付产品。除非这种理念直接被转化成了一个更好的产品，否则很难保留它。“但是我们确实获得了一些东西，”他说。

“我们中的一些人会在网站上搜集信息，并把结果分发给团队的其他成员。玩具世界里正发生着什么呢？什么是最酷、最热门和最新的事物？东京正发生着什么事？”

然而，最重要的事情是，尽管在乐高集团存在工作级别和人员结构之别，但是对一个设计师来讲，从工作的第一天起开始，只要设计出新产品就可能使他出名。“你可以在这个新产品上留下你的署名，”埃里克说，“无论是对于产品颜色的选择，产品背后的故事，还是产品的加工。”设计师们说，乐高家族和现任领导——克伊尔德·科尔克·克里斯蒂安森和公司首席执行官乔丹·维格·纳斯托普（Jørgen Vig Knudstorp）——都对优先考虑员工的参与这一管理风格特别开放，这种支持确实产生了一些影响。“如果你有创意，你可以得到回应，他们总是乐于过来和你交谈。乔丹也有自己的博客，而且你的密切参与和管理层的聆听意味着你会感觉自己就是公司的一部分，并肩负着更大的责任，因为他们告诉你，你是有价值的。”

乐高集团会确保其员工的高度参与并打破内部障碍。接下来，克里斯蒂安主动提供了他自己企业中涉及创造过程的一些例子，在创造过程中，他分别从横向和纵向解散了一些部门。他还深入研究了有助于创造性活动的不同技术。克里斯蒂安解释说：

在我的公司里，我们试图打造一种企业文化，能够让创意的产生系统化。我们做这项工作，部分是通过运用一些创意产生的技术。一些技术和方法只对某一类型的公司更适合，而对另一类公司可能就无效。这些创造过程可以在个人层面也可以在团队层面发生。

在团队层面开发创意

克里斯蒂安说道：

如果是在团队层面上开发创意或制定解决方案，重要的是要组建一个能够产生动力的团队。这就需要你有时候要把尽可能不同的组员安排在一起，这些组员要尽可能来自多个不同的部门。在大黄蜂公司，开发创意的参与者可以来自设计部、产品开发部、销售部和市场营销部，他们需要在一起构思一个有关设计的新活动或新方向。如果是我们的技术公司塞诺沃科技集团（Sanovo Technology Group），那就可以通过头脑风暴来探索新型服务理念，或进一步开发先进的机器设备，让工程师、销售人员和市场营销人员都能在其中做出贡献。

克里斯蒂安接着说道：

能够对团队中更深层次的差异进行思考也是很好的。在一个团队中，你最好能够平衡团队成员的男女比例，年纪轻的和年纪大的，还有性格内向的和性格外向的。你还可以根据员工的经历把他们搭配在一起。刚入职场或刚从学校毕业的新员工通常会以新视角来看待挑战和问题。他们才不管什么可能，什么不可能，他们不会受过去的限制。一些人会认为，如果你把管理人员和那些直接向他们汇报的员工混在一起的话，就可能阻碍创造性活动，因为这样做会让员工不敢直抒胸臆、畅所欲言，或者也可能会导致员工卖力地表现自我，行事都处于主导地位。不过，我从来没有过这样的经历，但是如果这种事情发生了的话，你就需要花点时间好好地审视一下你的管理人员或你的文化。

准备和规则

克里斯蒂安表示：

有时候，最好让来参加会议的人能做足准备。换句话说，最好让他们“在家”时就能考虑这个话题。你也可以制定规则。例如，你可以规定人们只有准备好5个创意想法以后才能参加会议。

这样做的缺点是，人们可能从一开始就被锁定在特定的想法中，也就是说，这一切取决于自己所工作的处境，这是我们再次提及的观点。这样做的优点是参与者从会议一开始就可以下意识地去解决问题。重要的是，会议一开始就要有清晰的目标。简单地说，你想从这一过程中得到什么？参与者在最后离开的时候能够带走什么？

简明清晰的目标

重要的是工作要有简明清晰的目标，最好可以用问题的形式来表达，比如说“我们怎样才能创建出独一无二的服务理念？”把目标写在白板、黑板、翻页白板纸或者一张挂在墙上的纸上，这样做十分有益，它让所有的参与者都能在他们前面看到这个目标。

“在你开始之前，”克里斯蒂安说，“最好能设定一下创意的限额。例如，你可以制定一个目标，在会议结束之前收集到100个想法并将它们都公布在黑板上。这样做可以确保必要的临界物质有机会累积到一定的量（从而实现创造性突破），而这种临界物质可以压倒我们内在的批评。最好也限制一下会议的时长，这样做有利于创建一种团队动力，即一种必须要一起实现它们的迫切感。”

克里斯蒂安接着说：

然后，你就开始提出你的创意想法。就这一点而言，最重要的是，你不能一开始就批评那些提出来的观点。你需要对一切持开放态度，即使是奇怪的建议，不要急于去审视你自己或别人。立刻就被毙掉的想法往往是对创造过程阻碍最大的。你可以在白板纸上写下你所有的想法，当你写满了以后，你就把它们挂在墙上，这也不失为一个好主意。

会议主持人需要鼓励参会者提供与众不同的想法，最好是那些夸张或者极端的想法。要鼓励人们站在前人的肩膀上，在已经被提出的观点基础上再创新，我们要面带微笑，彼此友善，或者抱有一种“我们真的快要做到了！”的态度。总之就是要营造一种氛围，在这个氛围里个人要实现从“让我思考”到“我们主动思考”的转变。

我有时候为了给大家热身，会在会议开始时让大家对一个完全不同的话题进行一场小型的头脑风暴。这种准备活动会让他们忘掉自我和自我检查。我曾让他们列举出自己观看过的色情电影片名。毫无疑问，这种方式并不符合每个人的口味，当然这也涉及文化和做事的方式。

归类创意想法

克里斯蒂安说：

当收集到的想法达到你的目标数量后，你通常要把它们归类。但这时候更重要的是你要将这些观点并置并将它们结合在一起。

克里斯蒂安继续说道：

只有这样做了，你最后才能开始进行评估、目标优选和分析。你要挑选出最好的创意想法并加以强调。然后，结束的时候，最好对下一步要做什么达成一致意见。你得让他们知道，要是他们在会议结束以后还有其他的想法，应当提交给负责下一阶段工作的人。人们可能会在当天晚些时候想出最好的主意，比如说在跑步时，或是在饭后洗餐盘的时候，这是很常见的。潜意识是一种很厉害的工具，它一直在工作，从不会休息。

你还可以利用其他工具，比如不同的写作过程。如果有许多组织层面的领导参与这个过程，一些人可能会害怕自己说一些蠢话，或者想来一段精彩发言而给自己施加压力。在这种情况下，你可以用头脑写作的方法。这个方法可以通过多种不同的方式来进行，但基本理念是人们把他们的想法记录下来，而不是说出来。同样情况下，要是会议的领导者能一开始就说明问题或挑战的本质，并把它写下来以便让所有人都能看见，那就再好不过了。

每个团队最多十个人

克里斯蒂安解释说：

我的经验是，当团队的人数最多有十人时，团队的工作效率最高。要是超过了十个，可以把它分成人数更少的子团队。之后给每个团队成员发一张A4纸，一个便利贴簿，或者索引卡片。然后，每个人在一张A4纸上写下3～5个想法，或者写在便利贴、索引卡片上也可以。写完以后再传给邻座。再次强调，最好规定在限定的时间内完成。例如，在5分钟内提出3～5个想法。每个人要大声朗读所有卡片或纸上的内容。在这之后，我们可以再来一轮，在这一轮活动中，给出的创意想法最好应该是基于你的邻座或团队其他成员的建议，要么就是受到这些建议的启发。然后会议继续进行，最后你得出结论，如头脑风暴那个环节所述。

共时性：在你的口袋里放一张照片

另一种技巧是在你的口袋里放一张照片来提醒你正在处理的问

题。这种技巧是建立在共时性的概念上，我们现在就简要说明什么叫共时性。荣格与同时代的物理学家、诺贝尔奖得主沃尔夫冈·泡利（Wolfgang Pauli）曾并肩工作研究相关问题，荣格解释了这个术语。

共时性是指两件明显没有联系的事情相遇并衍生出意义的现象。例如，你突然想起了五年级的老同学——这时他就给你打了电话。或者你刚开始培养一种新的爱好，正好在这时你就遇见一些相同爱好者，而且还注意到这个爱好比以前更频繁地在媒体上被介绍。或者当你怀孕时，你就发现在哪儿都能看见孕妇。又或者你买了一辆黑色轿车，你就突然发现路上到处都是黑色轿车。

克里斯蒂安说：

> 有些人相信共时性是很神秘的，难以让人理解。但是，我认为不必如此直接地解释这个概念，通常来说，我认为前面的例子是紧密联系在一起的，和创造过程真的很有关系，特别是在个人层面。如果我遇到了一个特定的问题、任务或者挑战，我可能会把我的电脑桌面背景换成与那个挑战相关的图片，或者我可能会在自己的钱包或提包中放一张照片；或者我会开始去研究正在讨论中的话题，与相关行业的人会面；或者订阅各企业的时事通讯，这些通讯与我自己面对的挑战有些特别的关联。打个比方，如果我将接管一个新的公司，或踏入一个新行业、新的产品领域，我就会这样做。

打造富有创造力的组织

近年来，大黄蜂运动服饰公司发展迅猛，无论是上层的管理还是账簿底线都有很大改观。这些成绩的取得归根结底是由于创造性活动促成了许多理念和产品群的产生，如时尚运动鞋，这些理念和产品群正是在大黄蜂公司的设计DNA和传统之前的边缘地带产生的，它们之间联系密切，具有国际竞争潜力。

在大黄蜂运动服饰公司隐藏的框架中，有一些要素在公司日常运营中激发了创造力。这些要素如下所述（还有更多的例证可以添加）：

• 扁平化组织：决策制定者与员工个人关系很近，能够尽早地看到和听到大家的反应和工作的进展。

• 非正式文化：当一个好的想法出现时，或者一个想法需要别人批评时，个人直接表达自己的观点是很自然的事。

• 一般意义上的封闭管理和现场管理：员工们可以提出批评意见，这种批评能为建设性挑战和无摩擦的思考释放出能量。

亨宁·尼尔森（Henning Nielsen）是大黄蜂公司的国际营销部经理（首席营销官），他说：

> 当有具体任务需要完成时，我们想确保为成功提供最有利的条件，然后我们就会让相关部门的关键人物参与到正在讨论的项目中来。这时，员工个人有责任获取一定量的相关知识，

主要通过在整个组织中抽样调查，获取他自己领域中所需的知识，以便更新现有知识，避免去假设目前的状况！

为了推进大黄蜂公司最近的一项室内回收运动，几乎所有的组织层级、合作伙伴和许多供应商都参与了这个项目的部分或全过程，目的是确保为成功提供可能的、最有利的商业环境。为此，公司建立了一个工作框架，把销售和营销部门的工作结合在一起，创新举办了一个与目标设定相关的工作坊。大家对相关的市场情况进行了分析和目标优选，并认为市场情况为创意简报提供了商业基础。通过工作坊，公司收集到各种意见和建议并将其进行整合，这些意见都来自销售、营销和管理部门，还来自负责商品、赞助活动以及其他方面的员工。相对于核心信息，各品牌接触点的可能性和限制性条件需要从不同的角度来看待，然后我们才能开始针对此项活动的实施进行头脑风暴。下一步则是举办一场创造性的工作坊，所有富有创造力的相关人员都要参与。在这种情况下，重要的是要阐明执行此项活动的要求，即对相关接触点的要求：包括产品、网店、实体店、赞助商和公共关系等。

成功取决于许多步骤的顺利进行。甚至在消费者还未听说这一产品之前，我们就要付出极大的努力：包括在自己的员工中进行内部销售，寻找分销合作伙伴及其代理商，还有商店经理和商店雇员——当然还有消费者！在我们这场室内回收运动中，我们一次又一次地利用了另一类平台，目的就是为了创建一种信息意识和促使大家都参与到运动执行过程中来。例如，我们曾两次利用了服务业中的活动策划相关权利（hospitality rights），一次是在2010年斯堪德堡音乐节开始前，我们举办了一个近似于主题介绍的预备活动；另一次是在第二年正值销售季节开始之前，我们宣传了这场运动并介绍了特定产品的特点和可能性。当然，要是有人达到了这场运动的相关标准，他就可以因此赢得音乐节的门票。有着好几卡车塑料啤酒杯的音乐节就是一个完美的环境来形容这场回收服装运动的初始阶段。这次音乐节在欧洲举办了24场演唱会，在此过程中，与黑眼豆豆乐队（Black Eyed Peas）合作的结果是收集到了133 400个塑料瓶子——相当于大黄蜂回收的12 000件衣物。

在供应链买方中创建意识和促进商业参与，也是利用活动策划来实现的。在瑞典马尔默举行的一个活动就涉及为运动员激活赞助权益，此次活动与2011年1月举办的世界手球锦标赛相关，也与大街上那些选定的运动用品商店及店内预告显示相关。

亨宁在此给我们讲述了一个很好的例子，说明了大黄蜂公司促进员工参与并培养其主人公意识的方法。在一开始的设计会上，员工们总是有很高的参与度，包括销售、产品开发、设计和营销等部门的人员。每个人都有可以贡献的东西。销售部的员工技术娴熟，因为他们每天都工作在一线，听取来自顾客的反馈意见。有关竞争对手的状况和销售情况他们都有最新信息，他们有第一手的统计数据和顾客反馈意见，这些数据显示出哪些产品受欢迎、哪些卖不动。这也意味着，销售部门能够意识到他们在创造性活动中所扮演的角色，并觉得他们在活动伊始就在发挥作用。同样地，设计部也很重要，因为从长远来看，他们能够更好地了解什么样的产品将引领发展趋势。在巴黎，设计部门能一眼看出“新潮流”。

产品开发部门也很重要，即使有时候该部门只是在创造过程稍后阶段才会介入，因为它的角色在于评估大黄蜂能否实际生产给定的样式，如果可以，他们应交付给哪一家工厂去生产。在最初创意想法接踵而至时，产品开发部的介入就可能造成混乱，所以我们要确保在最初阶段没有限制，不要抹杀了创意想法，这一点很重要——因此，产品开发部需要在创造过程后期参与进来。

营销部门需要了解的是以下各方面的趋势：诸如营销平台的选择、社交媒体、店铺营销、印刷、贸易展会、影片、活动和公共关系等。营销部门的任务是对各款式服装进行包装，确保顾客涌入我们的商店，提升品牌意识（特别是在新兴市场）并进行长期的品牌建设。营销部门负责以上提及的各个方面，随着世界范围自动化的日益增多，营销变得越来越重要。

没有任何时候能像现在这样这么容易地生产衣服。鞋子的制作仍然比衣服要难一些，特别是如果你想要专业化生产的话，因为启动成本会很高。这就意味着，大多数人都能创立服装品牌——即使一个人设计的衣服只是符合当季的流行色、穿着不会让人皮肤过敏而且能让你在冬季保暖。现如今，你可以找到一些网站，然后把自己的服装设计传上去，让别人负责生产等其他环节。所以，实际上，你需要做的就只是指定你的时装款式要交到哪里。

这就是为什么作为一种品牌的大黄蜂，需要更加关注品牌故事的传播并让自己区别于其他品牌从而独树一帜。这其实是营销所扮演的角色。只是生产出高质量的产品并按时交货已经远远不够了，我们必须要做得更多。

重要的是制定一个创造力工作框架并定义眼下的任务，同时，破除内部障碍（部门之间、员工和经理之间）和外部障碍（把商业和消费者以及竞争者分隔开来）也同样重要。在这个工作框架下，员工完全可以进行即兴创造。而自由式即兴创造，或缺乏具体目标和工作框架则可能是在浪费时间。这种创新或许可以被描述为一种有的放矢的创造力。

正如我们在大黄蜂公司看到的那样，要使员工拥有一定程度的自由来界定并优先考虑他们的工作任务，同时在一定程度上能够进行自我管理，那么，该组织的创造力就可以得到提升。而前提条件就是管理层和员工之间要相互信任。在位于奥胡斯港口边的大黄蜂公司新总部，一直以来他们都在有意识地尝试进行这些活动。他们将在那里设计一个可以自发聚会的空间，员工们便可以在那儿随意聚会，还可以见到不同团队的成员。另外，还将设计一些富有创造性的房间和角落，员工们可以在那里进行跨部门的工作，如进行设计、产品开发和市场营销等工作，公司所有的内部团队（包括销售部）都能够参与其中。墙上还将展示布告板、设计概览和拼贴画，主要以流行款式为导向，体现出当季的时装氛围。也就是说，创造力将具体地展示在墙上，更加形象化、具体化。

谈到创造力，顾客的参与或“环境”十分重要。破除障碍并加强各个团队的参与，这些都是卡尔马公司（Company Karma）企业理念中的重要组成部分，克里斯蒂安在其中发挥着关键作用。诸如像Facebook、YouTube，有时还包括Twitter这样的社交媒体就特别适合这样的目的。在这些社交媒体上，企业可以直接向顾客征求意见，听听他们对新的创意设计和公司活动的看法。

个人完全可以在工作框架内进行即兴创造，这个工作框架就是亨宁·尼尔森之前描述的。在像大黄蜂这样的公司里，个人得营造一个有利于产生创造力的空间。在克里斯蒂安另一家名为赛诺沃科技集团（Sanovo Technology Group）的公司，大部分创造力都取决于顾客的需求和标准。研发部经理简·霍尔斯特将以下面这个例子来说明在打蛋器的开发中对盒子边缘的探索。

简解释说：

一直以来，我们的客户都希望我们提供一个自动清洁打蛋器的完整方案。在随后的头脑风暴过程中，这个要求促使我们为Optibreaker牌打蛋器设计了一个非常独特的盒子，这个装置基本上就是一个只有垂直和圆弧形表面的清洁器。

顾客对产品更高的质量要求促使我们做了进一步的调查，探究我们需要怎么做才能真正提高对蛋黄和蛋清的检测能力。这项研究结果表明，如果你能透照蛋清的话，就可以大幅度提升检测水平。这一结论引发了一个创意想法，那就是把食品级安全塑料制品作为蛋清分离杯的材料。可以这么说，消费者的要求促成了创意想法的产生，而这一想法又促进了引导性的调研，最后调研结果让我们改进了观念。很显然，我们通过可利用的新技术来获得创意想法和灵感，这些新技术有多种形式，比如说新材料（如新型塑料），服务更为人性化的新型电子控制系统（如基于网络的新系统），还有新的生产方法（如激光切割）等，另外相关产品的竞争者和供应商也能激发我们的创造力。

灵感来源于何处?

在企业组织中，员工能在个人层面上获得灵感也很重要。大黄蜂公司的两位设计师亨里克·霍拉克（Henrik Horak）和本尼迪克特·达马斯特德·尼尔森（Benedicte Damsted Nielsen），以及艺术总监菲奥雷拉·李·格罗夫斯（Fiorella Lee Groves）都给我们讲述了他们是如何获得灵感的。

亨里克说：

我个人获得时尚设计的灵感有很多方式，比如说我那帮行业内外的众多好友和同事，还有互联网、杂志，旅行也会让我的灵感迸发。我们尽可能多地去旅行，获得各种观感，购买给人以灵感的样品，还拍摄照片，在小小的笔记本上信手涂画。作为一名设计师，你永远都在工作。不管你是和你的姑妈在玛莱区的丹麦小镇罗斯基勒，还是和你的朋友在博恩霍尔姆岛骑车旅行，你都在探寻新的观感、色彩和灵感。我们在为大黄蜂的生活方式男士服装展览做设计时，常常需要设计三稿草图才能最终确定设计方案。

我和本尼迪克特常常在一起讨论，这在整个创造过程中占了很大的一部分，也是非常重要的一部分。这类讨论通常发生在我们忙于工作的地方，旁边总是摆放着一大堆杂志、剪切画、泡沫板和别针等，或者是在柏林市中心，我们喝着大杯拿铁咖啡的时候。你在无数设计草图中不断调整各种形式，勾画出创意的轮廓和线条，直至你感觉到“这就对了”。

作为服装设计师，本尼迪克特说：

灵感来源于何处？就我个人而言，我一开始是上网浏览。挑一个日子，我其他什么事都不做，只顾上网浏览那些解读我们的社会和未来趋势的新潮网站，包括艺术、音乐、休闲活动、时下的流行观念、博客等等，当然了，还有一些时装走秀。我会在网上浏览一切吸引我注意力的东西，但不会带有特别的目的性。整整一天，我只是让自己获取过量的信息，我会把其中最有趣的内容收集起来，然后打印出来挂在墙上，这样不管我是在工作还是在家中都能随处看到它们。

我也会花时间挑选一些有情调的音乐，这是我发挥创造力时很重要的一部分。然后我回家，或者戴上耳机在森林中慢跑。这时，灵感就来了，如同一场小型交响乐。这一天的观感、音乐、森林里的光和我的呼吸融汇在一起。我把自己的情绪调动起来，接着我就开始做设计。

我常常和我的同事亨里克密切合作。我们去柏林和伦敦那样的地方，偷偷地往商店里面看看，还去看展览和街头艺术表演，研究那里的人们和他们多种多样的个人衣着风格及外表造型。我们也会在大黄蜂公司把我们的陈货翻一遍，在那里我们能找到一些老式服装和表现形式，它们都可以被翻新利用。

然后，亨里克和我开始整合我们的灵感和创意，好让它们能够适合大黄蜂公司的最终用户。我们先设计出服装款式初稿，再碰头讨论，然后对初稿做一些调整…… 之后，我们再勾画出第二稿草图，和产品经理蒂娜及生产开发人员桑尼会面并对设计做进一步调整……最后再勾画出第三稿，和我们的销售团队会面并对设计进行最后调整。这时，我们差不多就在纸上完成了整个款式设计。我常常要修改三次设计草图最后才能完稿。这是因为它是一个持续不断的过程，而且你会觉得你永远无法完全完成设计。但有时候你不得不停下来。

菲奥雷拉说：

创造力迸发的瞬间总是出现在我最不经意的时候，比如说在我正在和一位好朋友闲聊时，在我织毛衣时、吃东西时抑或是阅读一本好书时。换句话说，它会出现在我最放松的时候。而且，这种感觉就像是坠入爱河一样，它让我对其他一切事物都视而不见，让我遭受视野狭窄的痛苦，直到我把那些灵感记在纸上才能释然——起初，真有点像难以应付的科学怪人弗兰肯斯坦，满脑子都是笔记和例证，快要把自己给毁灭了。

那么，我们怎么才能获得更多这样灵感迸发的瞬间呢？在创造性产业中，我们总是说，“毁了你所爱的。”不过，首先你得有一些所爱之物，一旦你找到了它，一系列连锁反应就开始了。这就要求我得先忘记所有明显的想法，然后开始头脑清醒地去探索我的主题。所以，我快速浏览了一下设计方面的杂志（在这上面我花了一大笔钱），浏览网页，看电影，看展览。然后，我和同事们进行讨论，去散散步，洗个澡，或者做点其他的事情。在很多时候，你“所爱的”就会是那个正确的解决方案，但是只有当你毁了它之后你才会发现这一点。

激发创造力的方法有很多，我们想要强调将头脑风暴和头脑写作相结合的方法，再辅以思维导图或其他类似形式的导图。古老的禅宗佛教徒曾说过，“一千个人就有一千条路”，这句话就与我们此刻讨论的话题相关，因为做事情可以有许多种方式。

首先，你可以把这个主题写在一张A3纸的中间，留下足够的剩余空间。你甚至可以把它画出来。画画的过程也能激发创造力。根据给定的主题，我们开始联想，写下关键词或中心主题，用线条或分支线条把它们与主要话题连接起来。例如，可以在主题的周围画一个圆圈。你要做的其实就是根据关键词和中心主题尽情地、自由地联想。

还有一个好办法，在你这样做的时候，画个草图或使用一些符号。你还可以用不同的颜色写写画画，也许你甚至可以用不同的颜色来标注出最重要的内容，在主题的各个分支中交替使用圆圈和正方形等封闭图形。

重要的是，你要记住在刚开始时你的联想要尽可能异乎寻常，你可以夸张，可以想出一些荒唐的建议。迈克尔·米哈尔科在《分裂的创造力》（*Cracking Creativity*）一书中举了一个很好的例子来说明这种横向思维方法。他一开始就提出了下面这个问题：如何把数字13一分为二？基于我们的线性思考和经验学习，通常答案都是6.5。而创造性的答案则是基于你如何透过这个问题进行思考，它可以是：

13=1+3

XIII=11+2

或者“把13对应的英文单词thirteen从中间分成两半，用‘and’连接，变成thir and teen”。

鱼骨法是思维导图的另一种形式。在一个组织或价值链中，鱼骨法特别有用，可以用来厘清不同条件下的原因和结果。鱼骨法是东京大学质量管理学教授石川馨（Ishikawa）在1960年代提出的，可用于确认特定问题的原因或结果，以便我们可以优化步骤，并纠正错误。

鱼骨法因它最终呈现出来的思维图示像一个鱼骨头而得名。你先在鱼头上描述你的问题，然后在鱼的肋骨上描述问题的主要和次要原因，接着在这些原因下面写出为什么得到这样的答案。然后，你可以在鱼尾上进行头脑风暴，或者写下你对这个问题的解决方案。当你找出这些方案后，就把它们写进图中。石川馨教授建议人们晚上在自己的脑海中使用这种鱼骨法，因为他觉得我们的潜意识会带领我们找到解决问题的方式。

换句话说，有许多方法可以用来促进员工的参与并确保获得大量的创意想法。让我们回顾一下之前讲述的一些故事和观点，这些观点都来自研究领域，阐明了团队合作对激发创造力的重要性。

什么时候进行团队合作？

只有满足了一定的条件，团队合作才能够激发创造力。例如，1984年迈克尔·克顿（Michael Kirton）基于他对工程师的研究，提出了一个观点：运作顺利的团队总是会在创新和适应之间找到某个平衡。或者更确切地说，一个运作良好的团队既需要那些能进行创造性思考并提出新创意的人，又需要能看清现实可能性的人。每个人不必总是扮演同一个角色——有的时候，你会是提出创意的人；还有的时候，你需要把精力放在怎样把创意转化为行动上。要根据任务的类型、处境特征和来自组织外部环境的其他要求来具体安排不同的工作角色。

根据克顿的说法，最成功的团队能够把创新和适应进行适当的结合，而低效率的团队常常有太多的参与者，他们只追求那些中规中矩的或他们所熟知的东西，或者有太多的参与者只一味追求新创意而排斥持不同意见的人。我们需要强调，一个人在具体环境中不只是扮演好自身的角色那么简单。因此，克顿指出，正如本书许多贡献者所做的那样，重要的是一个团队要由不同的部门成员构成；有必要根据当时的情形、特定的工作团队以及公司的现状来调整工作方式和方法。

创造力最大的障碍之一就是克顿所谓的“思维上锁”的出现。在团队语境下，这种现象也称为团体迷思（groupthink）。一些创造力研究表明，团队迷思会阻碍发散思维，即横向思维、颠覆性思维或挑战性思维。我们知道团队迷思有别于运动团体和其他的一些团队，在团队迷思中的成员具有高度的一致性、强大的团队精神、高期望值和高度参与的意识。这种团队迷思的弊端在于，团队成员会排斥直接威胁到团队凝聚力的信息和知识。

当团队成员（例如，在一个团队或企业组织中）想寻找一个特定问题的解决方案，为了达成共识并保持意见一致，或者为了让自己看起来更聪明，结果却把重要信息排斥在外，这时就会显现出团队迷思最致命的后果。其结果会导致无法成功地解决问题，或者对可能出现的危险信号视而不见。

另一方面，我们知道，以团队为基础的组织比传统型和功能型组织更加富有创造力，传统型组织在很大程度上注重个性化和专业化。当然，团队本身并不会促进创造力（例如团队迷思反而会限制创造力），但不管怎样，他们会促进创造力的产生，因为创造力常常是以很多人的工作和贡献为基础。

克顿写道，一个小组的领导者应该破坏或阻止大家意见一致，重新引入多样化，防止团队成员过于专业化且只关注自营，以至于看不到篱墙之外的东西，其结果是，他们就无法退回一步去评估自己不同于小组其他成员的贡献。

团队迷思理论和理想团队构成常常被用来划分不同的员工，让他们扮演着具体的角色，这可能会直接导致对号入座和刻板印象。这样的结果显然是很糟糕的，也绝对不是克顿的目的所在。克顿更多的是想要表明如何让每一个人在面对不同的任务和局面时能够担任不同的角色。

信任和安全保证

克顿在他的书中指出，在团体迷思现象中，会缺失那些能够解释失败或阻碍创造力方面的要素，其原因很可能是安全感和相互信任的缺失。创造力所表现出的意见不一致似乎具有破坏性，这就意味着，让团队成员相互之间拥有安全感很重要，这样他们就能适应这种分裂，并能在这种破坏性过度发展时阻止它继续恶化。小组成员为了维护自己特别的观点或许会与别人在不同观点上发生冲突，因而可能会显得有些吹毛求疵，这当然是一个好的团队希望避免的事情。我们可以清楚地看见，很显然这些不良趋势需要通过一种方式进行管理，那就是团队要适应社交中的不同意见，要学会容忍不同意见，避免自作主张，影响团队和谐。

在任务的安排上存在差异或变化，这对创造性团队来说是一个前提条件，团队需要在一定程度上对这种差异或变化进行管理，从而不至于让其发展成为混乱的状态，甚至造成不明智的冲突，尽管我们知道在一定程度上冲突可能是无法避免的。

因此，重要的是一个创造性团队或组织要拥有一种包容的工作氛围和开放的管理模式，这样的氛围可以为发散性思维和自由讨论提供空间。我们应该避免各小组孤立于其他小组，还应该确保吸收他人的批评意见，以此来检验我们的定位和观点。作为一个领导，就应该避免管控过度，因为这会阻止你听到更多边缘化的声音。

从这个意义上讲，不同团队和组织之间的知识协调和交流，比对内部知识的控制更重要。许多像克里斯·比尔顿这样的人，把不同组织间建立的创造性新联盟看作是创造力经济的关键所在，因为你不能指望所有可利用的知识都在组织内部，重要的是能够与团队外部那些拥有你所需知识和技能的个人进行合作。这也意味着，那些设法处在多个组织边缘的人具有这样一种优势：他们有能力跨越边界并跨越语境综合运用多种技能，这种能力有助于创造力的产生。另一方面，你不能仅仅依靠那些跨越边界的人，因为团队的核心员工在实现创造力的过程中也扮演着重要角色。

小结

这一章我们特别强调了在创造过程中员工的参与和团队合作的重要性。我们有必要在本章结尾部分强调以下几点：

- 在我们研究过的所有例子中，员工的参与在创造过程中扮演着重要的角色。这有助于不同意见的交流，还有助于在这一过程中培养员工的主人翁意识。员工的参与还能给管理者提供至关重要的信息以及基层员工实际工作的状况和相关知识。
- 需要对员工的参与过程进行管理：头脑风暴会议和头脑写作会议要有清晰的流程，也要有一个能坚持执行这一流程的领导者。
- 没有一种方法适合所有人。我们需要考虑到员工个人、工作团队和企业组织的具体特点和具体任务。
- 员工的参与要求我们考虑到团队成员的构成；做好准备并制定规则；要有简明清晰的目标；在创造过程的初始阶段给予人们自由的空间，接下来要把最好的创意想法进行归类，以便进行创造过程中的下一步工作。
- 对那些可能限制创造力的因素要有意识，这一点很重要。这些因素包括焦虑、害怕讲错话、把重要信息排除在外的团体迷思等等。在组织中需要为个人和各种活动提供空间，在这个空间中，我们可以从各种资源中抽取所需的信息并从中受到启发，这一点在本书的其他章节中我们也提到过。

第十五章
CHAPTER 15

文身师与网络新机遇

在本章，我们将走进互联网，或者说，我们将探寻虚拟世界带给我们的创新机遇，包括在组织机构与其所处环境的边缘地带共同创新。我们将见到艾米·詹姆斯（Ami James），他是世界最著名的文身艺术家之一。艾米目前正在参与克里斯蒂安的一个在线文身新项目，我们在本章将对此进行介绍。很多创造力研究者认为，创新型企业的未来蕴藏在数字领域，在这个领域中，通力合作与共同创新的理念（我们在上一章有所提及）被认为得到了最充分的诠释。他们认为未来可持续发展的企业将会是小型的、灵巧的、普及的、全球化的（或全球本土化的，无处不在却又无影无形）以及灵活的单位。他们觉得用户、客户以及公民将以一种我们今天难以想象的方式融入到商业中，其结果是公司的创新空间将会通过众包（crowdsourcing）的过程扩张，在众包过程中，互联网信息交换和知识传播的潜力才能真正地得以利用。不过，让我们先来了解艾米的故事，在某种意义上这是一个创新生活的经典故事。之后，我们将了解更多关于众包的概念，众包在当今被认为极具创新的潜力。

文身师的故事

一个周五的下午，我们在哥本哈根市中心的斯科特皮特酒店（Hotel Skt Petri）咖啡厅对艾米进行了访谈。艾米专程从迈阿密乘机赶来，为了完成一个商业在线文身新项目的最后一些细节。与克里斯蒂安、足球运动员丹尼尔·阿格（Daniel Agger）以及其他多位投资者一样，艾米也是这个项目的合伙人及联合创始人。艾米因为在电视节目《迈阿密文身师》（*Miami Ink*）中获突破性成功而出名，他通过节目促进了文身现象从地下走向主流，目前，艾米在世界各地经营着自己的文身店。艾米的努力也极大程度地突出了商业在线文身的潜力。

艾米坐在咖啡厅的角落里，帽檐拉得很低，很难想象他会在这次访谈中讲述怎样奇妙的故事。他的故事里满是关闭的门，他从未通过学校的考试，并且患有注意力缺失症（attention deficit disorder），这意味着他的思绪时常会被干扰性的想法打断，但这也意味着他受到的干扰可以为他带来源源不断的创新想法。同时，这也是一个讲述他如何发现自己的艺术才能并让艺术引导自己前行的故事。

艾米在接受访谈时说，“我一生都在绘画，也许不像米开朗基罗，但这是我的兴趣和热情所在。我以前在学校考试总是不及格，唯一能做到的就是数数。我不能阅读，无法理解，也不会拼写，我没有办法学习，还被说成是偷懒。所有的这一切引领我走向了艺术的世界，在那里我才真正能够得心应手。我的父亲和祖父都是艺术家，我的身上有父亲的影子，这正是我想要的。”原来对艾米来说的巨大阻碍，最后变成了一个创新的开端。

上个世纪80年代，17岁的艾米正处在困境之中，当时，朋克运动闹得沸沸扬扬，文身文化是粗劣的，艾米的生活简直一团糟。然而，他做了一个决定性的选择：“我参加了以色列的军队，那是我出生的地方，这个决定拯救了我，让我不再遇到麻烦。当时我是一名狙击手，但在那里我逐渐意识到我需要追随艺术的道路，我可以用枪射杀别人但也可以用笔描绘别人，我需要拯救自己。我爱我的国家，但我不懂政治，我完全不了解以色列和巴勒斯坦之间的冲突，我最熟知的就是美国。”

如本书中大量的访谈所描述的那样，有创意的人需要规则、框架、限制和纪律极其严明的工作实践，这些条件是必需的，它们有助于规范毫无约束的生活方式。从这个意义上说，军队就是一个高度自律的社会机构，它拯救了艾米。

像我们之前提到的安德烈亚斯·戈尔德一样，艾米既是“白手起家”，同时又受到了做学徒那个时期的影响。艾米在第一次文身时，就决定要进入这个行业。他说：

我决定要涉足这个行业，我一生都在绘画，这只是换了一种笔罢了。于是我开始在自己的腿上文身，当拿起文身针的那一刻，我就知道自己想要成为一位文身艺术家。那时我似乎看到了我的未来，但我无法立刻离开军队，因为我不得不在军队度过余下的两年。服役结束后，我回到了迈阿密。为了庆祝我的生日，我兄弟的挚友给我买了一个文身店标志和一盒文身工具，那种感觉就像得到了一百万美元，那绝对是我收到过的最好的礼物。这个盒子改变了我的人生，它成了我表达自己的一种方式，一种生活方式，更成了我的生命。

我收到盒子之后，就开始了文身。显然，没有谁生下来就是才华横溢的毕加索，但是这个盒子为我的人生创造了机遇，在后来的20年里我一直都带着它。8个月之后，有一个人改变了我的命运，我成为了一名学徒，对我来说，我的师父似乎成为了父亲一样的角色，他教我如何文身，但对我非常严厉，我们也时常吵架，一切像这样持续了两年，最后，他死于吸毒过量。我的整个生涯都是基于让他为我所做的感到骄傲。这可能会有点疯狂，我想变得越来越出色，于是每天晚上我都会出门，试图寻找可以让我第二天做文身的人。文身是街头艺术，是最完美的街头艺术形式，但我们发现人们只是来去匆匆，这并不是一个高端的市场，真正就像工匠活儿似的，我所拥有的只是我的文身技术，我需要在别人身上发挥我的艺术天赋，并让它成长。我并没有把这个想法当作是出名的手段，只是想做一个快乐的艺术家罢了。仅仅在14年后我录制了一档电视节目，在那之前，文身除了让我能接触到很酷的人之外什么都没给我。在生意方面，它也没带给我任何好处。

自从我有了做电视节目的机会，我也就有了发展文身事业的机会。我考虑过现实，事实上，也许我只能做两件事——绘图和讲故事。其实，我可以用嘴让自己走上成名的道路。当然，我有自己的风格。我绝不是一个比其他许多人都要厉害的插画家，但是我会讲故事，我知道什么会成为好的节目，我开始搜寻故事，了解自己怎样才能与其他人联系起来，让他们能够理解，这也是我擅长的，我知道这会在电视上大放异彩。我想成为最好的自己，而不是最厉害或最有名的人，我只是想做我自己。那个买了我节目的人最终以4 000万美元把节目卖给了电视台。最终，我开了属于自己的店。

对于艾米来说，做一个文身艺术家并不仅仅是一份工作，虽然一直以来都是一种谋生手段，但最近，尽管文身对艾米来说已经更像是一份工作，但他仍然被一种强大的信念所驱动，他坚信文身既是工艺也是艺术。

艾米不会把“艺术性”限制在美妙作品的创作中，他还会通过这些活动将其视为表达自我的一种方式。“你可以看到最奇妙的作品，但那不是艺术，因为它只是某样东西的复制品。实际上，创作中可以有很多的原创空间，手工技术并不是问题。有很多的题材，也有很多的人，有些人只管去做，他们用自己创作的图案来文身，而有的人则需要复制品。我会受到启发，也会被其他作品震撼到，关键是不要去做比较，也许你自己的东西永远不会那么好，所以你需要找到属于自己的风格。大师的作品从来都是与众不同的。当然，你需要有所借鉴，但你必须在此基础上发出你自己的声音，这就意味着你必须学习：人们在过去20年是怎样去创作文身的？你必须了解基本要素，了解什么是对的什么是错的，在这之后；你才可以自由发挥。你有表达的自由，但你未必会快乐，也不意味着你可以摆脱顾客的需求。所以你仍然需要上班，工作起来也许灵感就会迸发出来，这就要求你能想象自己的未来，能看到未来的自己。当你热爱你所做的事情时，你几乎一直都会做正确的事，即使终归会犯一些错误，我们不是机器，即使是最厉害的人也会犯错，这只是我们的天性，但我们总是可以把事情做得更好。”

艾米发现了自己创造力的源泉，它就藏在那些关闭的大门后、在手工技术中、在想要表达的强烈欲望中。在我们与艾米道别前，我们问他是否使用毒品来激发自己的创造力。这在我们其他的一些访谈中已经成为一个话题，尽管受访者通常会拒绝回应，对此，艾米则不然，或许是因为他的注意力缺失症时常使他思绪脱轨。他回应道：

我使用大麻，它使我平静，能让我的潜意识继续工作，对于绘图很有帮助。有时候我会抽上一整天，它为我打开另一扇窗，但我还是有很多事没有完成，它让一切都安静下来，我就可以深入钻研，甚至不想休息，我不能停止绘图，我不睡觉。当我文身的时候，我的性格就会改变，我会变成一个慢悠悠的4

岁小孩儿，你可以问我一千次同样的问题。那是另外一个世界，所以我需要花一点时间才能回来。

我们能从文身师的故事中学到什么？

本书涉及访谈的部分，反复出现的一个主题是量变可以引发质变。这一主题也源自于艾米的故事。在很大程度上，文身已成为艾米在迈阿密的生存方式，实际上，他几乎没花什么钱。他的文身手艺已成为他的“货币”。换言之，他通过为酒吧、餐厅等地方的工作人员文身来获得一些食物和饮料。这意味着他过去总在一天数小时内替人做文身[正如麦尔坎·葛拉威尔（Malcolm Gladwell）一样工作一万个小时]。那就是他为自己培养了一种极好的手工艺技能却没有将此技术作为奋斗目标的原因。

在接受访谈时，艾米强调他患有注意力缺失症（或注意力缺失过动症）。一些研究人员认为患有此类疾病的人都很有创意，他们无意识的注意力转移或许是激发他们创造力的必要条件，有可能精力过于集中反而抑制了创造力，一旦我们停止关注一个问题，促成解决方案的新想法就会产生。

依照本书前几个章节的内容，这最后得出的一个结论十分有趣，这个结论就是艾米对于毒品似乎有一个明确的态度，例如，他在接受访谈中提到他从不喝咖啡或是其他含咖啡因的饮品，因为他发现那会使他的注意力缺失症更严重，而且会使他变得神经质。出于同样的原因，他从不食用像可卡因、快速丸（冰毒）这类毒品，尽管他吸食大麻，也许是因为大麻能减弱他的精力并使他思维放缓，对创造的过程有所助益，这在本书中也多次提到过。

艾米给我们留下的是他那毫不妥协、绝对明确的观念，即创造力要求一个人付出时间、沉浸其中、有克服阻碍的能力、掌握专业知识和手工技术、找到正确的导师、有表达自己的强烈渴望以及创新的喜悦——那种喜悦不时地会让你生活中的其他事物黯然失色。

还是让我们回到这一章的开始。艾米参与的是什么项目，为什么克里斯蒂安决定在文身上投入时间和资源呢？

虚拟世界的创新潜力

为了了解文身在2013年是如何被视为一个新的商业领域，我们必须简短地回顾一下文身的历史。为什么很多人认为这是一个特别有争议的商业领域？毫不奇怪，要找寻答案，得让我们先出海远洋。

1766—1799年间，詹姆斯·库克船长进行了一系列的南太平洋航海活动，包括去波利尼西亚。回国后，库克和他的手下提起他们见过的“文身的野蛮人”，“文身”（tattoo）一词源于塔希提语的“tatau”。在1769年，在“奋进号”船的航海日志中，库克这样写道：“男女都会在他们的身体上绘画，在他们的语言里这叫tattow，意思是通过向皮下注入黑色颜料以达到难以擦除的效果。”因此，“文身”一词是来自塔希提语的“tatau”，在库克的版本中该词被写成了

"tattow"。

结果，库克回到英国后，宫廷对文身习俗产生了浓厚的兴趣，最后，像后来的国王乔治五世这样地位显赫的人都在自己的前臂文了耶路撒冷十字，之后又文了一条龙。时过境迁，文身与很多社会角色有了联系，最好的情况是水手，最坏的则是罪犯、囚犯、妓女或是恶棍，从那时起，文身一直蒙受污名。然而在今天，文身已经变得更为主流，部分归功于艾米的工作，不过，它仍然是一个专业投资者回避的商业领域，不论是风险投资家、投资银行还是私人投资者。这就是为什么到了2013年都鲜有基于互联网的文身相关产品和网站。当然，这意味着市场中存在一个缺口，因而也就有了在一个行业获得一席之地的可能性，如果把所有因素考虑在内，则可以标榜其引人瞩目的统计数据。例如，在26~40岁的美国人中，大约40%拥有文身。对一个网络商业模式来说，值得注意的是，在一个月内搜索"文身"或诸如"鲤鱼+波利尼西亚的+文身"这样的相关词汇，其频率约在1.4亿次，也就是说，这个产业有着巨大的潜力。

在这个充满热议的新兴领域，由包括克里斯蒂安和艾米在内的一帮文身爱好者创建的Tattoodo.com网站无疑是一个网络商业模式的例子。这个网站相当于文身界的谷歌，一个可获取与文身相关的信息之首选平台。在伦敦举行的谷歌时代精神大会上，作为历史上首位丹麦籍演讲人，克里斯蒂安就开始意识到了网络的创新潜力。在这次大会中，拉里·佩奇解释说专业化的搜索引擎可能会成为谷歌统治地位最大的威胁之一。

目前，Tattoodo有五个主要的收益来源，其中第一个就是众包模式，人们可以通过文字、图画或是照片的形式上传要求，定制属于自己的文身设计。然后，根据这些要求举办一次竞赛活动，来自全球的文身艺术家、设计师以及画家都可以用各自的设计投稿参赛。为确保作品质量，所有参赛者都必须经过审核，通过审核的参赛者则誉为“艾米官方网站Tattoodo.com艺术家”。换句话说，假如你上传了一张女友的照片、一段心爱的诗句和一张你最喜爱的花卉的图片，数百位来自世界各地的艺术家就会为你提供汇集这些元素的独创设计，价格低至100美元。

当你在边缘上寻求平衡时，众包是打破你和公司之间壁垒的最佳途径之一。众包网站的不断壮大，使得99 Designs已成为世界上增长速度最快的设计网站。拿克里斯蒂安来说，他之前为自己公司做的三个标志设计和公司形象设计，都出自99 Designs。在这里，你提出要求，发起一场竞赛，然后等待来自全世界的人为你提供标志、网站皮肤、平面艺术作品或者任何你所需要的设计。这样的网站，也存在于发明和科技产品相关的领域，美国意诺新公司（Innocentive.com）就是一个很好的例子，这种网站允许你采用众包方式来“弥合”你和你的工作或项目之间的差距，可谓是实施创新过程的绝佳手段。当然，这样做并不是有意要从熟练的、受过专业培训的设计师那里获取成果，而是为他们提供一个可当作创意跳板的平台。如果你在食品公司，被困于一筹莫展的研发任务中，要想找到新配方或食材搭配，通过美国意诺新公司网站便可以实现。在大黄蜂公司，设计师还可以通过99 Designs索要新的线条图案，这就给了他们再创造或再设计的空间，由此便可沿着边缘前行并获得某种增加价值的东西。

有趣的是前面提到的网站也同样是众筹平台，通过众筹，人们可以找到资金或可投资的公司，这一切都发生在自己和环境之间的盒子边缘上。相关的例子还包括Rockethub.com、Kickstarter.com以及fundedbyme.com。除美国意诺新外，Geniuscrowds.com也是一个极为出色的网站，在发明与科技领域可以积极利用它来开启创新的大门，用早前安德烈亚斯·戈尔德的话说，即在画布上的第一笔。Tattoodo.com拥有一个现成的收益来源，其形式就是挑选出世界级大师创作的高品质的文身设计，包括往昔至今的大师们。作为套餐的一部分，顾客可以轻松地浏览便携文身库，同时还会获得作品证书，以及用来预先测试文身位置的贴纸。除了这些收益来源外，Tattoodo.com还将推出大量的免费项目、文身设计、建议和博客，让人们讲述他们的亲身经历和文身设计。不像如今的市场，Tattoodo.com的所有东西都会被完美地进行打包，为的就是引领文身进入更大的空间，成为一种更主流的生活方式，让这个网站不仅仅只对热爱文身的人进行宣传。

换言之，虚拟世界存在创新潜力，有趣的是从长远来看，它会如何改变我们的看法，谁才能有创意？是一个公司内部的设计师和产品开发者，还是客户？很多企业——比如乐高集团——不得不通过众包的方式与客户进行合作，因为非常投入的客户可能是一个潜在的威胁，如果乐高集团没有与客户合作，那么客户就会一马当先为自己开发产品，这在数字领域是个很快的过程，因为人们不需要一个光鲜的管理机构就可以成功。与旧时的关系网不同，现在你仅需通过互联网就可以迅速地联系客户与供应商。在这样的情况下，我们不禁要问，现在的产品开发者和设计师扮演着什么样的角色呢？也许他们主要起到榜样的作用，比如艾米，或者作为熟悉某个领域的价值或质量标准的人，并因此可能扮演新的角色成为“裁判”，抑或也可能作为专家，去评估从外部团队涌入的众多新想法是否具有潜力。这代表着设计师和产品开发者在扮演的角色上有了重大转变，然而，从这个意义上说，互联网毫无疑问带来了民主化的潜能。在一个被普遍认为比以往任何时候都富有创造力的、开放的、虚拟的经济体系中，那些尚未明白外部创新至少与内部创新同等重要的组织将会陷入困境。

在下一章，我们将把目光从商业创造力上稍稍移开。先前的案例说明创造力对于正迈向虚拟世界的知识型企业的成功是何等的重要。现在，我们将解决学校和教育系统在同样环境下所面临的角色问题。我们会来到赫尔路霍尔姆，这是丹麦省的一所神圣的寄宿学校。这所学校发现创造性思维对学生来说十分重要，为此，该校进行了一个漫长的办学理念调整过程，试图重新总结好学校所应具备的能力。

第十六章

CHAPTER 16

学会使用智商

在这一章中，我们将去丹麦省的赫尔路霍尔姆寄宿学校。这所神圣的学校位于奈斯特韦兹小镇。说起创造力，大多数丹麦人可能都不会联想起这所学校。

赫尔路霍尔姆寄宿学校于1565年由霍尔路夫·特罗（Herluf Trolle）和比吉特·戈耶（Birgitte Gøye）创办，两人都没有子女，因此希望能够为加强教育系统的建设做一些贡献。但是，赫尔路霍尔姆在这本探讨创造力的书中会充当怎样的角色呢？难道这所学校与纪律、寄宿和校服无关反而与创造和创新相关联？答案是：赫尔路霍尔姆作为本书的一个案例十分有趣，因为这所学校近期开始大力强调提升学生的个人、社交和创新的整体技能。在过去几年里，赫尔路霍尔姆因为环境因素被迫进行创新，他们面临着真正的危机，转变办学的基本理念已势在必行，同时由于很多旅居海外的丹麦家庭已经不再送孩子回国念书，学校不得不扩招走读生。

像赫尔路霍尔姆这样的学校开始重视创造力的确耐人寻味，这证明了一些人已经意识到，加大对标准能力的关注并非长远之计，也证明了创造力不再被认为只属于那些很晚进办公室并需要从饮水机走到办公桌这段距离中想出好点子的人。同样，创造力也属于那些身着西装的男女，他们已经意识到这个世界正在发生巨变，而这样的巨变不可避免地要求人们具备发现机遇的能力。尽管我们大多是在谈论艺术、广告以及表演时会想到创造力，但其实创造力是可以存在于很多方面的，比如，发现一个更巧妙的新方法，将牛奶从牧场送到家里的冰箱，或是在大型连锁咖啡店夜以继日的经营中以更高的价格卖出一杯糖浆咖啡。创造力已经来到我们身边，并且正在向每个角落和缝隙延伸——甚至一路延伸到了赫尔路霍尔姆寄宿学校。

一看到赫尔路霍尔姆的雄伟建筑，就很难不被其所震慑和折服，伴着教堂和护城河，长长的红色砖墙耸立在绿色风景线上，若隐若现。我们停好车，看着身着统一校服的学生走进食堂，如果不是因为孩子们穿着时髦雨靴——这明显标志着当下最时尚的鞋履潮流，我们会觉得就像在观看一个过去的场景。

在去奈斯特韦兹的车上，我们聊起了克里斯蒂安在赫尔路霍尔姆寄宿学校度过的时光。克里斯蒂安解释说他当时选择就读寄宿学校，与许多学生不同，他并不只是在具历史意义的家族传统中扮演重要角色的最新一代。学校的用餐规定、统一的校服以及传统都吸引了他。虽然克里斯蒂安只到过赫尔路霍尔姆几次，但是他还是能从自己在学校顾问委员会的角色上察觉到一些变化。这个有着古老传统、有众多居民（学生、老师、家长以及校友）的极其守旧的堡垒，已经发生了天翻地覆的改变。我们现在就去探寻它改变的实质。

创新型学校

当我们在克劳斯·欧瑟比·雅各布森（Klaus Eusebius Jakobsen）校长的办公室开始访谈时，他并没有很热心地谈论创造力，事实上，他有点疑惑我们为什么要专门对他进行访谈，尤其是关于创造力的话题。也许是听说赫尔路霍尔姆寄宿学校被描绘为“创新”的学校，他感到有些紧张，因为这个词还带有一点点协作学习、紫色尿布、解放、玩耍以及混乱的含义——克劳斯未必想让这些含义传到学生家长那里。为了打消他的顾虑，我们试图向他解释我们已经听说了学校的方圆国际（Round Square International）项目的新进展，在这个国际性的学校联合会中，赫尔路霍尔姆是唯一一所代表丹麦的学校。从2009年开始，作为联合会的成员，赫尔路霍尔姆有义务为学生提供个人层面的自我发展机会，我们觉得这样的创新听起来振奋人心，它不仅代表着可以从学校各科目严格的题目导向中摆脱出来，而且还传递了一个愿望，即引领学校摆脱对学业技能纯工具式的理解。

这让克劳斯放松了不少，他向我们描述了他在1993年刚来学校工作时，由于各种危机学校被搞得四分五裂，学生和家长也因此放弃了这所学校，赫尔路霍尔姆的声誉在当地远不及其他好学校。

如今这样的局面已经被扭转，赫尔路霍尔姆从来没有过那么多来自奈斯特韦兹的走读生，同时因为与国际接轨，学校再次吸引了大批居住在海外的丹麦家庭，生源源源不断，这种国际化教育与寻根式学习的结合似乎是成功的。现在，学生的成绩评定也会因为他们乐于助人而加分，他们不但要学习传统意义上的创造性科目，也要上体育课，所有这一切都有助于造就拥有智慧的、心胸开阔的、全面发展的人。

为了确保得到当地的支持，克劳斯已经违背了学校的传统，开始参与当地的一些政治活动。我们与他见面时，他其实刚从一个晨会回来，在会上，地方政客与郡级行政官员们讨论了关于关闭奈斯特韦兹医院的计划，克劳斯表示，这对于学校将是灾难性的，因为要是旅居海外的家长们得知最近的医院离得那么远，他们的抗议声是不难想象的。

在这本有关创造力的书中，赫尔路霍尔姆就像LETT律师事务所一样，也是一个有点矛盾的案例。人们很难放下对创造力“浪漫式”的理解，认为它专属于艺术层面和个人，因而也很难将创造力理解为生活中各个领域具体的革新——包括学校改革实践。在谈论到创造力时，克劳斯开始罗列传统意义上的创造性学科（绘画、体育、戏剧），但当谈及学校近几年的变化时，他提到的是方圆国际。

方圆国际（RSI），如其名称所示，是一个国际性的学校联合会，它的愿景是“教育年轻人，除了打下良好的、牢固的学业基础，还应让他们实现自我发展并学会做有责任感的人”，这句话写在了赫尔路霍尔姆学校手册的第10页。学生们可以通过参加各种活动而获得机会锻炼他们的能力，诸如组织体育比赛、帮助紧急救助机构、从事志愿者工作、参加学生会、推动学校的民主或绿色能源进程、负责聚餐和其他各类活动。

这项工作主要基于所谓的六个理念（IDEALS），其中，I代表国际化（internationalization），D代表民主（democracy），E代表环境（environment），A代表冒险（adventure，主要指挑战个人的休闲活动），L代表领导能力（leadership），S代表服务（service，主要指志愿者工作）。其目的是确保学生能够有更好的个人发展、社会参与并能帮助他人——弱势的群体和年轻人。因此，联合会成员代表的不仅仅是学校的网络，更是一种理念，让学生去创造不同并培养他们适应所处环境的能力。

校长在讨论这个项目的时候，满怀兴奋，“对我来说，这个项目就像一个孩子，”他说，“但是事情并不简单，我充满着干劲和想法来到这里，也许我现在已经学会耐心一点，曾经有一段时间我的老师们都不大吃得消。”不过方圆国际已经结出了硕果，这个项目得到了家长和老师的广泛支持。

克劳斯解释了他想要发展学校的强烈愿望，而且他依然能够获得很多新的想法。这也意味着他在与热诚的人包括校长们打交道时遇到了典型的问题。我们知道，教师们特别看重计划各自工作的能力，而且办事方法的自主性是丹麦学校一贯的传统，一个有太多愿景的领导往往会碰到“阻力”。不过，克劳斯说，他身边有一个强大的管理团队，他们是“真正做事的人”，他们能够把所有好的愿望付诸实践并确保它们的质量。

个人、社会和创新的技能

然而，为什么要选择这样一所充满传统色彩的丹麦寄宿学校呢？这所学校与所处环境紧密联系，明确聚焦于学生的个人发展，鼓励学生注重诸如绘画、戏剧和体育等科目以激发自己的创造力。

正如我们在本书的引言部分所述：如果你想在劳动市场具有吸引力，那么只具备实用的技能已经远远不够了，这些技能需要辅以预见未来的能力，需要使用你的想象力，去发现机遇，去创造不同。最近，来自Applied Municipal Research（现在丹麦的KORA）的一份报告指出，创新已成为雇主们寻找的技能。自2005年丹麦中等教育改革以来，音乐、绘画、戏剧以及媒体类等科目在中学一直呈衰退趋势，因为课时数被大幅度削减，许多科目对学生而言已经不再是必修课了。然而，此份报告显示，恰恰是这些科目有助于培养学生的协作能力、自律能力、发现并发挥潜力的能力。

这些技能显然在其他领域也十分有用。比如像话剧，可以教会学生在一个团队中如何协作（这种能力在课题研究中也十分有用），而在考试的口头报告中，表演能力也颇为重要。因此，在以创新为主题的中学里，有更多的学生选择创新性工作，最后发挥了创造性工作的才能。

我们有充分的理由时刻保持开放的思想，这样才能把握住机会，在常规领域运用我们的创新能力。

学校的角色

总而言之，近来，雇主们对员工的创造力产生了极大的兴趣和热情，这在教育系统和研究人员当中也引起了共鸣，在2011年出版的《商业内外的创造力与创新》一书中，麦克威廉（McWilliam）描述了对创造力的这种热情与理解上的普遍转变之间的联系。为此，她把人们对创造力的理解分成了第一代和第二代，因为第二代的理解才真正促使了学校积极参与到推动创造力的工作中去，现将这两种观念的区别总结如下：

第一代创造力	第二代创造力
软性的，非经济的	硬性的，由经济驱动的
单一的	基于团队且多元的
自发的：发自内心	倾向性与环境
在盒子之外	需要有规则与限制
基于艺术	出现在各个方面和领域
自然的，天生的	可后天学习的
不可测量，不可通过训练提升	可以评估，可通过训练提升

第二代对创造力的理解在过去20年间逐步加深拓展，而且已经形成了一种理由充分的假设，即教育系统能够为促进创造力发展起到重要的作用。我们现在已经认识到创造力是可以通过学习而获得的——按照本书的中心论点——与其说创造力是在盒子之外进行思考，还不如说创造力是沿着盒子的边缘前行而且熟悉自己领域中的规则和限制。在这里，创造力会被看作是一个主要基于团队的项目，而且是以不同的方式呈现，换句话说，创造力以各种各样的方式呈现，主要根据它是否涉及发现机遇的能力以及是否在化学课、戏剧课或是任何你上的课中有了新的尝试。

格拉温奴（Glâvenau）在其2011年发表的文章《儿童与创新：最有（没有）可能的组合》（Children and Creativity: A Most（Un）likely Pair）中也提出了这样一个观点。该文指出早期的观念认为创造力是一种自然的、自发的、未经培养的现象。按其定义几乎就可以说，创造力会因为孩子们置身于教育体系中而遭到破坏，因为这样的教育系统通常培养并教给孩子们有关意义的标准及文化体系。然而，近年来，我们提出了更为合理的假设，我们可以肯定地说，一个孩子以诸如画画或者玩耍的形式进行的创造性表达，只是在通向真正意义上的创新之路上迈出了第一步，同时我们也可以断言，学校扮演着重要角色，既可以鼓励孩子和年轻人创新，又可以训练和提升他们所表现出来的创造力。

不过，很显然并不是我们访谈的所有对象都同意第二代的全部观点。确实，他们中的许多人认为创造力是天生的，尽管他们都提到自己受益于能够认可他们的贡献和积极性的外界环境。第二代观念的关键在于强调个人的性格和环境之间相互作用的重要性。

教育中的创造力

不过，你怎样才能学会创新？教育系统又在其中起到什么作用呢？一个办法是向学生推荐类似赫尔路霍尔姆的做法，由此他们可以学到我们熟知的一些在创造过程中起作用的要素，换句话说，关键在于学生可以获得经验，在没有既定解决方案的情况下去发现机遇，把从各领域中增长的见识结合起来，与人合作并将想法付诸实践。还有一个更为普通的办法，那就是向学生证明知识是开启进一步思考和对话的大门，让我们来简单了解一下这个主张。

在心理学领域，我们通常将创造力一词产生的时间确定在1949—1950年，当时，心理学家吉尔福特（J.P. Guilford）在美国心理学协会年会上举办了一次后来引发热议的讲座。吉尔福特认为，心理学家和教师习惯性地将过多的注意力集中在收敛思维（解决问题、逻辑、正确答案）上而忽略了发散思维（不同寻常的、横向思维，旨在寻找新的可能性）。

吉尔福特将创造力描述为一种呈正态分布的能力，而且并非智力测试（当代心理学惯用的测试工具）可以判断。他认为有必要将创造力描述为一种诸如像智力和学习类似的现象，而不让创造力显得像是神秘的或者精神层面的能力。

那时的创造力在许多方面就像现在的智力，即使那些只是在智商（IQ）测试中得高分的人也同样是富有创造性的。德国汉堡大学的心理学教授亚瑟·克罗普利（Arthur Cropley）在其2008年出版的《教育与学习中的创造能力》（*Creativity in Education and Learning*）一书中提出，创造力被很多人视为是一种使用智商的手段，或者是一种“付诸行动的智商”形式。

创造机会进行创新实践

也许，教孩子和学生创新最大的困难之一就是，学校通常没有让学生亲眼目睹并亲身感受到创新实践。知识是通过对工具和环境的操控产生的，所谓操控，字面意思就是用手去搬运。在这样一个框架下，教育便成了一个教育孩子和学生探索周围环境并用新的方法将其资料和特性结合起来的问题，而不是在一个孤立的精神空间建构知识。想象力、幻想和思考并不是被限定在内心与世隔绝，相反，其特点是推动思想进步并利用这个世界中现成的资料去创新。

2011年，ASE工会对2 500名丹麦工薪阶层员工进行的一项研究表明，72%的受访者没有自己创业的愿望，在1999年进行的同类研究则显示只有48%的受访者没有自己创业的愿望。当然，同时期的经济危机可能对创业梦想的打击起了一定的作用，或许，很多人近期也看到朋友、家人和同事尝到了全球经济下滑所带来的苦果。该报告得出这样一个结论，尽管丹麦正在成为一个教育质量越来越好的国家，但它也变得不再有那么多的创业愿望了。

这一结论似乎意味着教育使我们适应了社会，成为了工薪族。换句话说，吉尔福特在1950年美国心理学协会年会上的发言和2011年对丹麦人创业精神的调查结果之间存在连续性。这表明，我们有充分的理由质疑教育机构是否或如何能够帮助学生把知识视为干预世界的工具，也许我们没有做得足够好。

遵循本书对具体案例研究和故事的一贯钟爱，我们将以画廊老板叶斯佩尔·埃尔格对我们的鼓励来结束本章，他鼓励我们要善于利用艺术并重视创造力在教育系统中的重要性。叶斯佩尔是V1画廊的创始人，当谈及在丹麦开发新产品和寻找新的创意这一话题时，我们问他要创新会遇到最大的阻碍是什么，而我们又有什么优势。他回答道：

> 我们最大的阻碍就是我们的教育制度，它没有给我们的孩子和年轻人提供基础的创新教育。接下来，我们还会缩减国家的教育支持、教育机构和教育研究。在未来的丹麦，创造力、创新以及知识是我们需要依靠的，在所有领域也都如此，诸如艺术、设计、能源、农业、工程、医学和制造。从政治层面上来说，我们缺乏一种确保丹麦处于盒子边缘的策略，而现在，我们正处在用封箱带把盒子密封起来的过程中。

我们要把艺术和创造力认真地看作一种社会形成的过程，叶斯佩尔深入探究了这个热点问题。他说（我们鼓励你此刻就阅读下文，试着将“艺术”这个词替换为“教育”）：

艺术应该走在我们社会的前沿，它应该吸引大家参与，并在必要时去激发、在需要时愿意放弃。艺术是一个重要的自由空间，它不是没有保育员的托儿所，也不是没有责任的自由，而是一个我们可以对内容、表达和交流进行实验的空间。

但是，我们如何才能努力去发现新事物？让新的创意得以实现的必经过程又是什么？叶斯佩尔表示：

作为起点，我相信那是一种永不满足的好奇心和一个通往世界的开放途径。寻找灵感时我会使用很多不同的渠道：文学、音乐、新闻以及人。通过体验，你把这些提供方向的路标插在你的领地，当你需要灵感时，又可以回去找寻。给我最佳反馈的往往并不是与我的行业有直接联系的人，这些人可能会是从事其他创新行业的人，他们会激励我以不同的方式去评估一个挑战。作为画廊老板，我显然与合作的艺术家们有一层独特的关系，我尝试过的其他事情都无法与之相比，这样的关系极其有益，但也并非易事。你们可以共同经历人生的许多起起落落，无论是职业的还是个人的，你们彼此的距离拉近了，而与一帮思想惊人、让人大受启发的人在一起亲密工作，我学到了很多。即使艺术策略明显存在不同模式，但人们的创造过程差异之大还是令人惊讶的。

本章以探访赫尔路霍尔姆作为开端，这所学校已经开始重视创造力，为此很有必要进行创新改变以应对全世界寄宿学校的激烈竞争。本章同时也介绍了学校和教育系统在鼓励创新能力培养中的潜在角色。正如之前提及的，只是到了最近，学校和教育才被视为在推进创新能力过程中起到了积极的作用。这些反思恰恰是第二代对创造力理解的结果，即认为创造力是可以通过学习获得的。

本章以更多的理论思考作为结尾，这些思考主要围绕我们应如何教授学生理解知识是干预世界的工具，如何让学生理解他们自身就是相对于自己和别人的生活状态的演员。ASE的研究强调了为什么这种理解是必要的。有证据表明，我们现在需要比以往任何时候更加专注于创造力和创新产出——这是一项任务，叶斯佩尔·埃尔格觉得我们目前就要完不成这项任务了。

在下一章，我们将把我们所有的想法汇集到一起，看看我们能做些什么来鼓励大家创新——这是在全球化的世界中让欧洲变得强大的一个关键。

—— 第十七章 ——

CHAPTER 17

改变的决心

一位身穿牛仔裤、头戴破旧帽子的父亲，在与即将出发去阿富汗战场的儿子告别。相拥良久之后，两人分别，父亲转身走向汽车，眼泪顺着脸颊奔涌而下：他也许再也无法见到自己的儿子了。一位女士看见他，递了一条手帕让他擦干眼泪。

一个身着名牌服饰、手拿iPhone、一身上下都有中产阶级标志的年轻小伙，在度过暑假后向家人道别重返校园，他和家人谈论着高昂的学生贷款、失业和低薪工作等问题。

这两则故事可能发生在世界任何一个国际机场，它们都反映了一个处在危机中的世界，一个弥漫着社会、经济的不确定性与疑惑的世界。

谈及社会、经济、文化、气候等问题，如何发展，如何让西方世界回到正轨，我们仍缺乏应对这些挑战的方法。在《定性调查与全球危机》（*Qualitative Inquiry and Global Crisis*）一书中，新泽西州纽瓦克市市长科里·布克（Cory Booker）这样解释：

民主，就像社会的公正性，它不是一项观赏性的体育运动。我们不能只是坐在沙发上，像个专家似的满怀激情地评论世界正在发生的事情以及该如何改变，倘若如此，我们只能在接踵而至的挑战中哀叹，扮演着一个尴尬的角色。我们不能重蹈上一年的覆辙，然后又期待今年周遭世界的任何事物会有所改善。我们需要参与到这个世界中去，成为自己所寻求的每一个改变的组成部分。

个人的责任

我们应该如何举步前行？科里·布克呼吁人们肩负起责任并行动起来，每一个行动都应从我们自身出发。要找到办法解决当今迫在眉睫的新问题，那就要看我们能否设想明天我们的处境有何不同。

本书的叙述也强调了这一点。创造力就是创造新的事物并且有勇气视自己为带来改变的人。创造力也指调动我们创新的力量，它始于我们自己，但也离不开我们周围的人。我们借助本书探寻了如何激发人们思想中的创造力，并将其融入日常生活。通过分析我们所听到的故事，我们得到了六个总体结论，这些结论在本书的各个部分都已概述，但我们将在此进行总结。尽管这些要点无疑具有更为普遍的意义，但因为它们源于那些已经在全球竞争中取得了成功的丹麦人的故事，所以我们将其称为丹麦式创造力。

（1）创造力是在边缘上得以枝繁叶茂。换言之，创造力是在现有知识和概念的边缘上得以发展兴旺，在生活的不同分支、不同领域和不同雇员的边界上或关系之间得以发展兴旺。许多访谈对象告诉我们，他们从不同流派和学科间广泛地获得灵感——音乐、文学、艺术、电影、竞争对手和同事。他们从现有事物中采样并因此成就了与众不同的表达。他们对现有事物进行再设计、再创造和再改造，不过，他们并未在自己原本的表达和专业知识上冒险而走得太远。

（2）如果你希望保持创新，那么在日复一日的努力中，创造性的突破或常规性的歇息都是十分必要的。无论是从象征意义还是从现实意义来看，恰恰是“淋浴”为创新提供了能量。从乔根·莱斯的徒步登山到肯尼斯·伯格的思想净化浴，那些看似毫无意义的歇息正是创新的新起点。

（3）创新的勇气是决定性的。我们的访谈对象将之描述为敢于大赌一场，要有犯错并承认错误的勇气，在阻力面前要足够强大。对于一些访谈对象来说，这与经验有关，正如比雅克·英格斯所说，你越相信自己和自己的判断，你就会越勇敢地去“全力拼搏”。

（4）伴有限制的最大化发展，是创造过程中强有力的组合。有时，量变可以引发质变：你的想法越多，你可以利用的也就越多。而在其他时候，限制和阻碍则是激发人们的欲望去超越现有事物的关键。在企业和组织机构中，有必要把创造力框在一个明确的目标之中，以免人们“突然”即兴发挥。

（5）创造力需要管理驱动。如果一个组织机构没有创造性的驱动力，即便如此，它依然可以通过领导力来给予支持和鼓励，无论这种领导力是以英格尔夫·加博尔德描述的贪婪的力量，还是以麦克·克里斯滕森描述的创造过程的架构这样的形式出现。管理者可以通过带头来促进组织机构的创造和创新。

（6）创造力离不开员工的参与。我们也可以这样表述："丹麦企业擅长于让员工参与并给予他们机会来贡献想法和提出批评"。

这本书的要点是，如果我们希望身边的事物发生改变，我们首先需要行动起来，我们应该有创造性的行动才能让自己变得有创造力，这些都是我们从律师事务所和工业企业的案例中学到的。此外，如果我们足够幸运，能够生活在一个让创造成为可能的环境中，也是大有帮助的。在创造力管理方面，要允许有间歇和暂停，还需要有财力，这是真诚合作、共同创新所必需的。正因如此，本书讲述的故事也有悖于诸多有关创造力的神话：

（1）创造力并非基于个人才能。一夜成名或天赋异禀的童话都忽略了努力工作、知识和技艺，而这些才常常是创造力背后的现实。

（2）孤立的发明家是不存在的。大部分的发明都是建立在合作的基础上，同时也建立在知识积累、方法与协作制度化的基础上。创造性的贡献是一个长时间的产物，绝非潜意识的偶然流露——即使我们通常称之为潜意识的无声、无形的过程确实起了作用，特别是在创造力的初期阶段。我们的访谈对象告诉我们，他们能够及时学习和记录行业趋势，并同时把它们融入到自己的知识储备中，因为他们相信自己的直觉和潜意识在不停地连续工作。

（3）"灵光乍现"的瞬间被高估了。重大突破毕竟罕见，这种突破往往被视为很轻松的发现，它们更大程度上是由运气带来的而非因为努力工作。然而，我们的访谈对象却说，其实是那些小小的渐变导致了大的突破。正是很多人多年积累的工作经验才形成了创新的基础。

（4）创造力不是一个普遍现象。被我们视为具有创造性的事物往往依赖于时间、空间和久而久之的变化。范式转换改变着我们对事物的理解，那些我们一度认为是新的事物到了另一个时间也就不再新奇。乔根·莱斯钟情于草稿、不完整以及支离破碎的事物，如果我们认为他的这一偏好是有趣的，那么可以确切地说，这正是基于我们对连贯的故事、叙述、模式、台词和结论的一贯喜好。在一种环境下可能奏效的创作方法在另一种环境下就不一定有用了，创造以及创造的具体过程取决于特定的情境和公司。

（5）发现并按照这些条件行事是管理的职责。

我们能做些什么？

在这个全球化时代，如果我们考虑丹麦、欧洲以及世界其他国家所面对的挑战，那么丹麦实际上有着强大的创造力和创新的历史根基。我们可以通过研究以下内容从丹麦的案例中获益：

从历史上看，丹麦在一些领域一直很强甚至占据主导地位，例如食品工业、海事部门、制药工业、可再生能源以及全球利基业务。丹麦更是创新产业的先锋，诸如美食、电影、音乐、媒体、建筑、设计以及家具。丹麦的电影和建筑不仅荣获国际赞誉，还为国家的价值创新、发展、出口以及就业保障做出了贡献。早在2008年，丹麦商务局就得出结论，来自创新产业的高投入的公司比其他企业在产品创新性上高出12%；同时，做得最好的公司往往是那些拥有更多受过创新教育的员工，有更多的人受雇于创新职能的岗位。

从更为普遍的意义上讲，如果我们真的认为欧洲需要成为一个依靠创造力生存的知识型社会，我们就有必要把握好各种机会去实现创造性的突破，重新取样，再创造和创新。我们需要更聪明地去工作，而不一定要更卖力，不过，这也就需要我们有这样的机会。也许，我们要更明确地思考创造力的可持续性。仅只是生产更多的新产品是不够的，如果这些新产品事实上意指的是生产品质低劣、负面后果可预见的产品。我们需要把创造性的工作与可持续的思维结合起来，无论是对人还是对产品。

在2011年发表的一篇文章中，美国创造力研究者罗伯特·斯滕伯格断言，在未来将创造力与智慧结合起来是很有必要的。这无疑是正确的，确切地说，因为更多的创造并非具有内在价值，历史上一些枭雄巨大的创造力结果被证明带来了极大的破坏。根据斯滕伯格的观点，智慧就是实现共同利益，寻求自身与他人的需求平衡。面临可能将问题过分单纯化的风险，现代企业如果希望以创造性的方式生存下去，想必除了单有创造力，还应该以一种智慧的方式来进行具体的创新，无论是在他们生产的产品上还是在他们提供给员工的工作环境上，都是如此。在丹麦和西方背景下，这一点至关重要，因为，如果就工资而论，我们是不能与亚洲经济竞争的。

智慧还包括做实际可完成的事情，斯滕伯格说，智慧常常与社会智力或情商相结合，从这个意义上讲，相较于西方对创造力的传统认知，智慧实际上更符合亚洲的思想观念。智慧可以塑造我们的生活方式，而学校应该培养学生以更聪明的方式去创造性地思考，斯滕伯格并非唯一一个有这样的感受的人。

毫无疑问，未来的发展取决于我们创新的生产力。我们必须找到技术和方法来应对气候变化和战争的影响，防止我们星球的毁灭。为此，我们只能创新，并且是智慧地创新，克里斯蒂安称之为“卡尔马创造力”，这一启发来源于卡尔马公司。卡尔马公司的基本理念是挣钱与改变相结合应该成为可能。有人会说卡尔马公司理念中有诸多要素与标准的企业社会责任（Corporate Social Responsibility，CSR）有共同之处，但其实是有区别的，企业社会责任通常孤立存在于一个公司的特定部门——也许是市场部、人力资源部，或者甚至是大公司的一个专门的企业社会责任部门。然而，对于Thornico公司来说，重要的是落实整个公司的活动并在公司内部赋予共同所有权，这便是克里斯蒂安要表达的意思。

卡尔马创造力

卡尔马公司建立了一个四重管理的模式，我们利用这一模式来制定目标，为公司四个最重要的利益相关者创造价值：

（1）公司

（2）员工

（3）客户及合作伙伴

（4）具体案例及项目

我们因此可以把卡尔马公司大致看作是企业社会责任3.0版。要达到这些标准，我们有必要进行创造性的思考，最终辨别出能够为所有利益相关人带来改变的项目。

在克里斯蒂安的公司，有很多卡尔马公司的例子。拿大黄蜂公司来说，它是塞拉利昂和阿富汗国家足球队的赞助商。这是两个饱经风雨的国家，足球对它们来说好比是黑暗中的光明。塞拉利昂是世界最穷的三个国家之一，阿富汗则刚被评为世界上女性待遇最差的国家。

大黄蜂运动服饰公司还主办一系列与这些赞助相关的活动，包括在喀布尔举行的一场足球比赛，这场足球赛是在阿富汗女足、北大西洋公约组织以及来自8个国家的国际维和部队士兵之间展开的，这是一个由大黄蜂公司策划、安排并出资的活动，旨在通过CNN、BBC、半岛电视台及其他新闻机构的报道向世界传递妇女权利的信息。

为了提出并执行这样一个倡议，大黄蜂公司的营销团队花了大量的时间在边缘上思考并围绕这个项目做了大量工作。市场营销部得到了公司内部其他团队的支援：后勤部协助物料的装运；销售部协助店内（包括在线）的项目启动，让人们能够买到阿富汗国家队的运动服；设计部协助球队服装的设计，这个设计是为了提高意识、带来商业效应，同时也是为了尊重事实，即信仰伊斯兰教的妇女不能穿着短袖衫和短裤踢球。

共同所有权和各部门的参与在这样的项目中是极其关键的，大家都需要在前进的车轮上搭把手。大黄蜂公司最近在塞拉利昂组建了足球学校，所有的员工——包括那些并未直接参与的——都以某种方式与这个项目建立了联系，例如，每个部门都有各自的足球协会。外部的合作伙伴以及客户也都通过不同的形式参与其中。

通过与红十字会合作，Thorco航运创建了Thorco非洲，这是世界最早的慈善船运公司之一，它每年为红十字会在非洲及其他地方的事业捐赠自己营业额的0.5%或至少15万丹麦克朗。

克里斯蒂安的房地产公司实施了一个“迈向绿色”（Going Green）的项目，包括像绿色房顶和LED照明的方案。例如，在荷兰建成的一座绿色停车场，成为了欧洲最大的绿色垂直建筑，它的建造是在与“鹿特丹气候行动计划”（Rotterdam Climate Initiative）的合作下完成的。这座停车场的绿色植物对二氧化碳的转换相当于250棵成年大树的能量，这使得这座停车场变成了鹿特丹最大的绿地。

本书中的这些实例和其他故事让我们得出这样的结论：如果我们能以正确的方式利用创造力，那么我们就可以找到办法来解决世界所面临的各种巨大危机——经济危机、气候危机、人口危机等等。

在未来，创新将不仅只是关于销售好的产品，还要激发顾客的情感及对体验的渴望。有人可能也会说我们需要以新的方式去经营企业，有一个人就做到了这一点，她是社会企业家范妮·波塞特

（Fanny Posselt），她经营了一家传统的丹麦街头热狗贩卖亭，之后又将其变成了世界最好的旅行热狗摊。在过去的九年里，范妮经营着生意，业务不断增长且可持续发展，与此同时，她还一直致力于她的梦想，希望帮助减少世界的不公正，尽管她最初在说服银行相信其事业的价值时遇到了困难，尤其是她当时已身负学生贷款。此外，她还缺乏建立企业的经验、缺乏做热狗生意的经历、不熟悉跨境出口、没有任何形式的正规商业计划等等。如今，为了那些被忽视且处境危险的儿童，世界最著名的热狗摊用创新的方法促进并帮助推动了积极的社会变革，这就是范妮的Kontutto公司具有代表性的核心活动。这一切都源于范妮要去改变的决心。

结语
EPILOGUE

打开创造力的黑匣子

创造力已经来到我们身边并且无处不在，这是撰写本书的前提。在创意经济发展的今天，创造力和即兴创作不再是少数人所拥有的奢侈品，而是每个人的必需品。正因如此，随着知识社会不断充实工业社会，或直接改变工业社会，具有创造力的人，无论男女，都已成为人们心目中的理想人物。对于许多工资水平相对较高但自然资源贫乏的欧洲国家来说，这的确是一个挑战。无论是从低工资还是大规模生产来说，我们均缺乏国际竞争力，我们也不能寄希望于找到未被发现的自然资源，因此，我们需要具备一些其他方面的能力。

要使未来可持续发展，一种可能是保持并发展我们的悠久传统，即创新思维、理性的工作组织以及对新产品的开发。作为本书的作者，我们认为，无论是在欧洲还是在世界其他地区，我们都必须保持并增强自身的创造和创新能力，而这就需要投资并进行研究，还需要有良好的基础设施、领导才能以及组织机构，这一机构能够将创意理念转化为有形的、适销对路的产品。

然而，大多数人总是将创新和创造力看得有些神秘莫测和飘忽不定，并认为它们难得一见。尽管如此，我们还是想借助本书，力图对创造力这一“黑匣子”一窥究竟。我们要提出的是，实际上，如果我们真想的话，我们大家都能够具有创造力。本书内容既涵盖个案研究，也介绍了不少具体的方法和技巧，你可以直接将他们运用于自己的工作与个人生活，使其更富于创造性。然而，这并非只是另一部介绍“秘诀”的书，比秘诀更重要的是，书中列举的与创造力相关的案例都来自丹麦。这也不是另一部只是教你如何更具创造力的书，而是一卷激励人心的故事集锦，这些故事均来自历史上以创造性成就闻名的丹麦王国。我们相信，世界上其他国家和地区的人们都能从中获益，这也是我们将本书呈现给读者的原因。

丹麦从未拥有过丰富的自然资源，所以一直以来不得不依靠其创新能力。丹麦有跨国合作的悠久传统，这对于我等小国来说，非常必要。这种传统赋予了丹麦人一种独特的合作能力，而这种合作能力对创造力来说至关重要，这是本书提出的观点。在丹麦，执政者和公民之间的差距不大。目前，大多数市政官员活跃在社交平台，为公民提供了表达意见、提出批评的空间。而公民对整个现任政府和公共部门也给予了极大的信任。由于高税收，社会阶层间相差无几，如此，丹麦人相互合作与扶持的传统才得到了发扬，这在蓬勃发展的社区组织和有着合作运动的深厚传统中都有所体现。丹麦是世界上最早一批赋予妇女选举权的国家之一，在1909年，只有部分丹麦妇女享有选举权，到了1915年，所有丹麦妇女都享有了选举权。1967年，丹麦实行了色情文学的合法化，到1969年，视觉色情合法化。1989年，丹麦成为世界上第一个允许同性恋恋人登记结婚的国家。此外，世界上唯一的自由之城克里斯钦也位于丹麦。因此，我们认为，这种开放、合作、自主和权力差异极小的社会实实在在地反映在或渗透于我们所讲述的有关创造力的故事中，或明示或暗示，这一点将会在你阅读本书的过程中变得清晰起来。而且，我们认为这本书能给世界其他地区的人们带来启发。当然，如果我们认为自己还不具有创造力，书中尽有激发你更具创意的好故事。

许多人参与了本书的创作。首先，我们要感谢哥本哈根高性能研究所所长艾伦·雷安娜（Allan Levann），是她激发了本书所倡导的理念。2010年4月一个晴朗的日子，艾伦邀请我们去参加一个会议，在会议结束时，我们谈到了创造力。当时，我们想写一本书，旨在使人们意识到他们自身无论是在个人生活方面还是工作方面皆可以具有创造力。然而，我们也想写一本含有案例研究的书，这些案例能够激励大家更加努力地奋斗。我们接下来进行了无数次有趣的访谈和富有成效的写作，所得成果此刻就呈现在你的眼前。

完成此书，我们并没有任何项目基金或慈善机构的资助。但是，我们在这个项目中投入了自己的时间、激情，倾尽所能。完成本书，必须要感谢丹麦奥尔堡大学（莱娜是该校的心理学教授，专门研究创造力）和Thornico A/S公司（克里斯蒂安拥有该公司），它们为我们的工作提供了便利，让本书的写作和出版成为可能。这个过程代表着企业和大学领域的交融，这是一次独特的合作，我们希望这样的合作能够激励他人。

本书的核心内容是基于一系列的访谈，访谈对象为丹麦富有创造力的个人或公司，其中大部分已享有国际影响力，他们包括：

诺玛餐厅的创始人克劳斯·迈耶和主管彼得·克雷纳；哥本哈根和曼哈顿的BIG建筑事务所创立者比雅克·英格斯；笔耕不辍、坚持为诸如水叮当这样的乐队创作流行歌曲的索伦·拉斯泰德；为诸如《谋杀》和《权力的堡垒》写歌、即将离任的丹麦国家广播公司丹麦广播电视台电视剧负责人英格尔夫·加博尔德；丹麦广播电视台和奥胡斯大学的董事长麦克·克里斯滕森；乐高集团的设计师和创意总监；V1画廊创始人叶斯佩尔·埃尔格，创意总监彼得·斯坦拜克；像阿鲁瓦这样的丹麦女歌手的幕后工作者和DJ肯尼斯·伯格；阿勒传媒公司主管佩妮莱·阿兰德；多才多艺的艺术家和电影导演乔根·莱斯；LETT律师事务所；居住在柏林的视觉艺术家，与艾尔肯、拉尔姆画廊和伦敦白立方画廊等机构有联系的安德烈亚斯·戈尔德；丹麦夏日芭蕾舞团创始人亚历山大·科尔本；著名的文身艺术家艾米·詹姆斯；以及赫尔路霍尔姆学校校长克劳斯·欧瑟比·雅各布森。

我们还将有关创作过程的故事收入本书，这些故事来自大黄蜂运动服饰公司的营销总监、艺术总监和设计师，以及Thornico A/S 公司驻其他地区的产品经理们。克里斯蒂安本人把创造力的发挥描述为促进其公司业务增长的决定性因素。每个人讲述故事的方式各异，但他们都一致认为创造力对于产品质量和创新至关重要。在这个项目中，接受访谈的人并没有酬劳，但他们都慷慨地抽出时间与我们谈论创新管理流程和保持创造力的方法。

本书的故事都来自办公室、咖啡厅和酒吧，从根本上说，都来自"现场"，即在个人日常生活和工作中创造力发挥作用的地方。我们特别感激访谈的嘉宾抽出时间接受我们的访谈，正是他们的故事构成了本书的核心主题。所有访谈对象均有机会对我们讲述其故事的方式发表评论或表示赞同，总体来说，这样做对本书产生了积极的影响。此外如有任何错误，皆为我们自己的问题。Gyldendal出版公司的主任莉斯·内丝特尔斯（Lise Nestelsø）、编辑厄兰·斯蒂思·托娃达森（Erlend Steen Torvardarson）以及LID出版公司的马丁·刘（Martin Liu）都是我们前进道路上的得力向导。感谢他们为项目付出的时间和热忱。还要感谢我们的家人和朋友，他们总是耐心倾听我们忘乎其形地谈论创造力，并给了我们时间来完成本书的撰写。没有他们的帮助，本书无法完成。

讲到这儿，我们说个有关彼得·阿尔拜克（Peter Aalbæk）的故事。他与拉尔斯·冯·特里厄并肩工作并一次次获奖（如金棕榈奖、柏林银熊奖、金球奖、奥斯卡等），这背后的秘诀究竟是什么呢？

"恐惧在某种程度上可以使你更加具有创造力。恐惧有助于我在员工中制造混乱，从而激发他们不断创新的热情。"彼得·阿尔拜克是丹麦一流电影公司Zentropa的首席执行官，他与电影导演拉尔斯·冯·特里厄有着紧密的合作伙伴关系，还鼓励员工用公司标志文身，在公司派对中让大家与他一起裸泳，这一切让他有了名气。当前雇员被问及他的管理风格时，他们总会提及彼得脱衣服或让年轻女员工脱衣服的次数。难怪他是一个魅力非凡却又饱受争议的人物。

一个秋天的晚上，彼得同意接受我们的访谈，话题围绕他创建一家新电影公司所做的不懈努力。彼得是个爱挑衅的人。他总是叼着一条大雪茄，光着屁股出现在丹麦杂志上。这一切都是为了制造疯狂、搞破坏，从而让员工们找到创造的激情。用彼得的话说，他第一次遇见艺术家是在自己的童年时期。那是他的父亲，一位部长、作家，时常为情绪波动所困扰。创作过程进展顺利时，他对人关怀备至，慈祥可爱，一旦遭遇困境，就变得令人难以琢磨。作为一个小孩，那是难以应对的，但这让彼得注意到创意非凡的人是如何工作的。而且，他的父亲还教导他要追寻激情。

随后，我们将回到阿尔拜克和冯·特里厄的故事，但首先让我们深入探究为什么要撰写这本关于创造力的书，又为什么要把丹麦的例子作为整本书的核心内容。这个北欧小国没有其他资源，但有本国人民，他们有讲得一手好故事的能力、从事创造性工作的能力以及为产品增添价值的能力。

访谈中，阿尔拜克把自己比作一个商人，并把与拉尔斯·冯·特里厄的伙伴关系描述为是在发现各自的长处，让别人去做自己不能做的事。艺术家冯·特里厄和商人阿尔拜克似乎是一个完美的组合，其连续多年获得的奖项和奖励几乎不言自明。但是，阿尔拜克却总是试图淡化自己的角色，将自己描述成一个乡村男孩。与冯·特里厄相比，这一点可能是真的，但也或多或少有些轻描淡写。顺便提一下，据阿尔拜克称，在Zentropa公司，典型的经理一般都是女人，只因女性工作更为努力。

总体而言，阿尔拜克一直认为要任由公司陷入分裂和混乱的状态。每年圣诞节，如果员工在年会上当众脱下衣服，就能赢得大奖。媒体对这些事件的报道导致了很多困扰，也引起了人们对Zentropa公司极大的关注，但当阿尔拜克自己赤身裸体出现的时候，却完全是为了Zentropa公司。用他自己的话说，他希望让员工们时刻准备着遇见真正的艺术家，就像拍摄此类题材的电影时可能发生的那样；没有直接体验过疯狂，员工就不会做好适当的准备。阿尔拜克想在公司设定一种情感基调，让自己成为众人的榜样，然而，这家公司不仅仅只有随心所欲的疯狂。每天早上，员工都会聚集在一起吟诵赞美诗，而且全年还要参加各种仪式。Zentropa公司就在盒子的边缘运营，遵守常规但不墨守成规。该公司的管理模式，在其他地方可能无法复制，但它却能自成一派并意识到跅弛不羁的重要性，不言而喻，他们因自身的成功而使丹麦闻名于世。

创造力有两个绝对关键的先决条件：

（1）活力、驱动力和激情。

（2）面对事实的谦卑，事实就是：一切创造都处在已有事物的边缘上。换句话说，新事物不是孤立存在的，而是已有事物的一次调换或重新部署——即便是在热狗摊的例子中也是如此。

在本书中，我们遇见了音乐家、作家、律师、总裁、业务开发者、艺术家、广告人、董事会成员、设计师以及企业家，我们在酒吧、咖啡厅、会议室里与他们会面，并了解到他们是如何在具体工作中进行创造和创新的。除了驱动力、应对阻力的能力以及在已有事物的边缘上前行的特殊感觉，这些叙述还向我们说明：创造的决心和为此而采取的行动是多么的重要。

创造力是基于行动的，它涉及实际创造新事物的人，其目的在于带来积极的改变。即使这本书的内容都围绕那些有卓越创造力的个体，但本书也表明，在他们中间鲜有依靠个人的创新而成功的。他们受益于他人和组织机构，因为这些人和机构能够做一些他们自己无法完成的事情。他们从其他人那里获得灵感，当知晓他人的想法后，他们知道如何把这些人拉进团队，而且，即使遇到阻碍，他们也会继续向前，这些都是我们比以往任何时候都更需要的品质。

本书的基本结论之一就是创造力通常是在我们探索盒子边缘的时候激发出来的，这就是我们在合作时要做的，无论是在组织机构内部合作还是在外部世界中合作。让我们再用另外一个丹麦的小例子来结束本书，这个例子可以说明我们成功创新的必备条件。

多年来，许多国际研究称赞丹麦是世界上最幸福的国家，这令很多丹麦人感到尤为惊讶。我们总是不明白为什么会这样。很多丹麦人认为他们的邻里时常都在抱怨，而且我们是世界上税率最高的国家之一，其结果是大多数人要将总收入的50%以上用于缴税。此外，丹麦的天气没什么特色，我们的经济也处于邻国的阴影之下，像北方石油储量丰富的挪威。比起邻国瑞典，我们的健康状况更差、平均寿命也更短，再者，我们为世界文学作品中最不幸的人物之一提供了摇篮和坟墓，那就是哈姆雷特。

根据最近公布的全球幸福指数研究结果，《福布斯》杂志曾刊登过一篇文章，该文讲了一位曾去过丹麦的女士的经历。文章中，她提到自己在丹麦期间有一天打算去骑马，不巧租马的地方只接受现金付款，于是她询问是否需要去最近的取款机提取现金，但令她大吃一惊的是，她被告知可以等到骑马回来再付款。

对于我们丹麦人来说，这绝对是一个平常的经历，但对她而言，这就得出了一个结论：丹麦人彼此高度信任，这种信任不仅存在于我们彼此间，还存在于对外来的陌生人。在她看来，这就是我们幸福的原因，或者说，彼此之间的安全感和信任是幸福感的关键要素。这个结论可能是某种延伸，但当回到创造力这个话题上，这个结论确实包含了颇有意义的见解：没有人是完全孤立地创造任何事物，我们越是信任他人能带来贡献，我们就会得到越好的结果。创造力生长在盒子的边缘！

IN THE SHOWER WITH PICASSO: SPARKING YOUR CREATIVITY AND IMAGINATION by CHRISTIAN STADIL AND LENE TANGGAARD

9781907794476

图书在版编目（CIP）数据

和毕加索一起淋浴：激发你的想象力和创造力 /（丹）克里斯蒂安·斯塔迪尔（Christian Stadil），（丹）莱娜·唐嘉德（Lene Tanggaard）著；孙静译. —北京：中国人民大学出版社，2017.7

书名原文：In the Shower with Picasso: Sparking Your Creativity and Imagination

ISBN 978-7-300-24301-6

Ⅰ. ①和… Ⅱ. ①克… ②莱… ③孙… Ⅲ. ①想象力—通俗读物②创造能力—通俗读物 Ⅳ. ①B842.4-49 ②G305-49

中国版本图书馆CIP数据核字（2017）第066342号

和毕加索一起淋浴

激发你的想象力和创造力

［丹麦］ 克里斯蒂安·斯塔迪尔（Christian Stadil）
莱娜·唐嘉德（Lene Tanggaard） 著

孙静 译

He Bi Jiasuo Yiqi Linyu

出版发行	中国人民大学出版社		
社　　址	北京中关村大街 31 号	**邮政编码**	100080
电　　话	010-62511242（总编室）		010-62511770（质管部）
	010-82501766（邮购部）		010-62514148（门市部）
	010-62515195（发行公司）		010-62515275（盗版举报）
网　　址	http:// www. crup. com. cn		
	http:// www. ttrnet. com（人大教研网）		
经　　销	新华书店		
印　　刷	北京中印联印务有限公司		
规　　格	148 mm×210 mm 32 开本	**版　　次**	2017 年 7 月第 1 版
印　　张	8. 75 插页 2	**印　　次**	2017 年 7 月第 1 次印刷
字　　数	172 000	**定　　价**	39. 00 元